U0070564

經營顧問叢書 ⑲

促銷工具疑難雜症與對策

劉振隆　任賢旺　編著

憲業企管顧問有限公司　發行

《促銷工具疑難雜症與對策》

序　言

美國 IBM 公司創始人沃森(T. J. Watson)說過：「科技為企業提供動力，促銷則為企業安上了翅膀。」

促銷是企業行銷過程中非常重要的一環，是從商品到貨幣的驚險一跳的臨場助動力，也是行銷寶庫中使用最為廣泛的一把爭奪市場的利劍。

在目前產品同質化日趨嚴重，價格、銷售管道已拉不開差距的處境下，促銷成了產品入市、擠壓競爭對手、擴大市場佔有率等各個目的最常用的武器。

本書詳細闡述非常具有實用性的促銷工具、促銷手法，詳細地分析了每個促銷工具的背景知識、優勢特徵、適用範圍、操作要點、注意事項等，並輔以生動的案例，力求將每一個促銷工具的促銷功效和操作要點進行深入的解析。

為了讓每個促銷工具的內容更易為讀者接受和理解，本書在闡述每一個工具時，都採用了一個簡明、完備的體例結構，包括促銷工具介紹、促銷工具疑難雜症、促銷工具對策、促銷工具案例。

全書內容完備豐富，具體周到，可操作性強，極具實用價值，是行銷經理人、行銷主管和業務員的案頭必備書籍。

《促銷工具疑難雜症與對策》

目　錄

1

現金返還

促銷工具　介紹

　　面對商家頻繁的打折和返券，消費者的興趣和熱情漸漸消退，因此，現在很多企業開始實施現金返還的促銷策略。只要消費者購買了規定的產品，可立即在購買處獲得現金返還。現金返還使消費者拿到手的是實實在在的現金，可由消費者任意支配，而不會像優惠券那樣在購貨時受到時間、地點和產品牌子的限制。因而這種促銷方法更受到消費者的歡迎，促銷效果非常明顯。

促銷工具　疑難雜症

一、現金返還的形式

　　現金返還通常有以下四種形式：

1.定額返還

　　適用於對特定產品的促銷，即購買某一指定產品可以獲得固定金額的現金返還。例如，購買某種型號的筆記本電腦，即可獲得 300 元的現金返還。這種方法操作最簡單，適用於對單一產品的現金返

還，而且促銷費用很容易掌控。

2.比率返還

即按照所消費金額的比率返還，這有利於促進消費者增加單次的消費金額。主要包括兩種返還比率：一種是定額比率，無論購貨金額是多少，返還比率都是一樣；另一種是分階段的比率返還，一般是消費的金額越高，返還的比率越高，如對 1000 元以下的消費額按照 10%的比率返還，1000～2000 元的消費額按照 15%的比率返還。這種累進式的比例返還促銷的效果更好。

另外，還可對比率返還設附加條件，只有在消費金額達到某個數值時才可以獲得現金返還。

3.差額返還

消費者一般都有「買漲不買跌」的心理，持幣待購的現象非常普遍。因此，為了銷售商品，有些企業承諾如果在規定的期限內產品價格下跌，將對跌價前的消費者實施差額返還。例如，標緻汽車在 2004 年 11 月 21 日宣佈實施一次「可信賴的獅子」行動，從 11 月 22 日起對標緻 307 全系列產品進行價格調整，並對所有在此之前已購車的近 7000 名用戶實行差價現金返還。此方法一出，自 11 月 22 日以來，各地的東風標緻各特許經銷店的訪問量及成交數翻了一番。

4.與抽獎結合的現金返還

即將現金返還的數額與抽獎活動結合起來，通過抽獎來決定能獲得多少比率數或目的返還金額。這種促銷方法更具趣味性，而且由於消費者返金的數目不確定，消費者有可能獲得全額或超額的現金返還，對消費者的吸引力非常大。

二、現金返還的操作要點

1.做好前期的廣告宣傳活動

促銷的力度越大，就越要加大宣傳的力度，引起眾多消費者的關注，做到「未演先熱」。

2.做好成本預算，並準備足夠的現金

與一般的促銷活動不一樣，現金返還是企業利潤的直接流出，如果成本過高，企業會損失慘重。因此，成本預算顯得格外的重要。定額返還的成本費用最易預測，但與抽獎結合的現金返還則具備一定的難度。促銷活動的組織者應該根據中獎率以及各等級的返還比例來預算返還金額數。現金準備要充分，以免失信於消費者，引起不必要的糾紛。

3.取得銷售通路的配合與支持

現金返還的實施主體有可能是零售商，也有可能是製造商。零售商實施的現金返還促銷活動一般不會區分產品，而是按照總體的消費額來計算。一般情況下，零售商都會爭得廠家的幫助，分擔一部分或絕大部分甚至是全部的促銷費用。

製造商的促銷費用一般都由製造商獨自來承擔，但是其促銷活動往往需要零售商來實施，這時零售商對促銷政策的理解程度、配合程度，對促銷的實施以及最終的效果就會產生很大的影響。

促銷工具 ＼ 對策

現金返還其實是一種變相的打折，但卻能讓消費者得到實實在在的優惠，因此促銷的效果非常好。

但是需要注意的是，此種促銷方法不宜採取在單品組合促銷

上，否則將導致部分終端直接將零售價格拉下，影響產品的進一步銷售。

另外，退款優惠也只能作為一種即時性的促銷手段，而不能頻繁使用，以免為以後的促銷實施設置障礙。因為任何促銷手段都不如直接發現金來得快、直接、簡便，頻繁使用引起終端對其他促銷手段的乏味。

促銷工具　案例

當返券促銷愈演愈烈之時，人們對這種促銷手段的猜測與質疑之聲也越來越高。2004 年國際傢俱建材廣場率先以「返現金」的形式向「返券遊戲」發起了挑戰。

在此次促銷中，購物者可以享受兩次折扣的「折上折」，購物時和廠家討價還價後達成交易時享受一次折扣，憑交完全款或 15%以上定金的憑證還可參加一次抽獎，至少還可以再享受 9.5 折的抽獎。進駐各大家居建材市場的建材、傢俱品牌，市場價是公開的，各市場之間相差無幾。但進行兩輪折扣之後，就具有了低價優勢。

返現金活動設置如下：在抽獎箱裏放置 100 個折扣球。分別從 5 折到 9.5 折不等，抽到幾折就按幾折返款，而且返還的不是需再想法花掉的「券」，而是實實在在的現金。例如，有一位買了 5 萬元地板的顧客就幸運地在抽獎中抽到了 5 折，當場獲得了 2.5 萬元現金的返還。

此次「返現金」活動引來購物者熱烈追捧，為其帶來了巨大的銷售額。七天「返現金」促銷帶來了超過 4 萬人的客流，實現銷售收入 1600 多萬元。最後一天，因購物者太多而到晚上 8 時才不得不強行關門，還將「返現金」活動一直延續到週末。

當然，廠家和市場雙方都為這次促銷付出了大量的「真金白

銀」。在這次「返現金」活動中，抽到 9.5 折的現金返款由廠家買單，而抽到 5 至 9 折的現金返款則由國際傢俱建材廣場買單。

2

以舊換新

促銷工具　　介紹

以舊換新的促銷方法，是指消費者在購買新商品時，如果把同類舊商品交給零售商，就能折扣一定的價款，舊商品起著折價券的作用；如果消費者沒有舊商品，新產品就只能原價售出。

「以舊換新」策略的主要目的，就是為了消除舊商品形成的銷售障礙，避免消費者因為捨不得丟棄尚可使用的舊商品，而不買新產品。以舊換新常運用於產品更新換代快的電器產品上，如彩電、筆記本電腦等，但其他行業也有運用。

這種促銷方式具有以下幾個方面的作用：

1.能有效刺激消費者的購買慾望

對於一些比較「耐用」的日用消費品，如家用電器、廚具等，消費者在一次購買後，可能會隔相當長一段時間才再次購買，這是商家們所不願意面對的。而「以舊換新」為消費者提供了處理舊貨的管道，幫助他們解決了一些耐用消費品陳舊過時但又棄之可惜的矛盾。所以「以舊換新」能夠有效地刺激消費者的購買慾望。

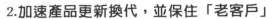

2.加速產品更新換代，並保住「老客戶」

只要越來越多的消費者接受這種消費方式，就能擴大企業產品的銷售量，加速產品的更新換代，並且，縮短產品生命週期通過「以舊換新」確保老客戶不會放棄自己而選擇其他供應商。

3.避免了直接降價的消極作用

「以舊換新」實際上是變相降價，但由於它還有環保的目的，消費者更容易接受，因此能避免直接降價帶來的副作用。

促銷工具　疑難雜症

1.如何對舊商品折價

如何對商品折價是企業也是消費者最關心的問題，折價越高，對消費者的吸引力也就越大，但是企業的利潤也會受到影響。確定一個合理的折價尺度對企業而言非常重要。在確定產品的折價尺度時，一般要考慮以下因素：

(1)產品的利潤情況：新商品定價高、銷售利潤高，舊商品的折價幅度也可高些。

(2)競爭對手情況：如果同類競爭性商品也在進行促銷活動，那麼折價幅度可高些；反之，可以降低一些。

(3)是否是名牌：名牌商品，折價幅度可低一些；非名牌，可高一些。

2.對舊貨確定不同的折價標準

對舊貨的折價標準不可一刀切，應該根據產品的新舊程度、型號等情況區別對待。評估者必須是具備產品知識的專業人才，這樣才能做到公平、公正。

3.必要的時候，向消費者公佈回收來的舊貨去向

如果回收舊貨是出於環保的考慮，回收的物品應受到妥善的環

保處理，這樣對消費者吸引力更大，也有利於企業形象的塑造。回收來的舊貨應盡可能加以利用，以降低促銷成本。

4.選擇促銷時機

以舊換新促銷一般在新產品上市時使用，以掃除舊商品造成的銷售障礙。另外，當競爭對手採取促銷措施時，此方法是一種很有效的還擊措施。

5.限定促銷時間

這樣可以提高辦事效率，也利於促銷費用的預算。

6.為方便消費者，可將此活動納入社區推廣活動中

由於舊物件一般是大件的商品，消費者兌換起來可能會很不方便，如果將兌換地點設在社區，可極大地方便消費者，而且能在社區形成很大的反響，擴大企業在該社區的知名度。

促銷工具 ＼ 對策

「以舊換新」策略主要運用於產品更新換代速度快，但是有一些企業在採取「以舊換新」時，往往存在著欺騙消費者的行爲，這也影響了一部分消費者對「以舊換新」活動的熱情。

此種策略的缺陷在於促銷成本較高，一般在舊產品阻礙新產品的銷售時，使用這種方法比較划算，所以企業不能長期運用。而且一般只適用於促銷高、中檔的耐用消費品。此外，由於需要對舊產品的價值進行評估，這種促銷方法手續比較麻煩。

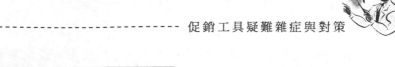

促銷工具　案例

案例 1:新立電池廠與大華超市合作,舉辦了回收「牡丹」牌廢電池的活動,消費者可以在大華超市用 4 節「牡丹」牌廢電池換回 1 節新電池。

在這次活動中,新立廠共投入 30 萬節「牡丹」牌 5 號、7 號鹼性電池,用於回收廢電池。

新立電池廠同時向消費者承諾,所回收的廢電池將全部按照環保要求處理。並且,新立廠將常年開展廢電池回收業務:消費者持「牡丹」牌廢電池,就可以優惠購買該品牌的新電池。

「牡丹」電池以舊換新,由於加入了環保概念,超越了其他以舊換新的促銷方法,不僅幫助消費者變廢為寶,而且滿足了消費者保護環境的深層次心理需求,提升了企業的社會形象,並吸引眾多媒體參與報導,這相當於做了一次免費的公關宣傳。

廠商此次促銷的目的在於提高產品銷量、提升社會形象。在以舊換新的活動中,還承諾憑其他品牌的電池。也能優惠購買「牡丹」電池,這樣能更大範圍地提升品牌知名度和美譽度,更大程度地激發消費者的購買熱情。

案例 2:理想工業公司曾在市場上推出了一種新產品——理想牌彩色鍋。從市場調查中,理想公司瞭解到,家庭中用來炒菜的鍋,不到用壞時一般消費者不會主動去買新的。有很多消費者並不是不願意購買新型的彩色鍋,而是購買新鍋後舊鍋就浪費了,所以很多消費者都打算在舊鍋用壞後再購買新鍋。但是傳統的炒菜鍋使用壽命非常長,要等到消費者家裏的鍋用壞,不知要等到何年何月。市場調查的結果表明,這種彩色鍋銷售的最大障礙,是家家戶戶都有傳統的炒菜鍋。根據這一情況,理想工業公司決定開展一次以舊鍋

11

換新鍋的促銷活動，希望利用「以舊換新」的變相折價促銷的手段，掃除新產品上市的障礙。活動規定在購買彩色鍋時，一隻舊鍋可以折價 50 元新臺幣，以排除舊鍋形成的銷售障礙，並決定用電視廣告對這一活動進行宣傳。電視廣告中先由一個演員扮成收舊貨的，一手拿著一桿秤，另一隻手拿著一口舊鍋說：「過去，舊鍋一個隻值幾塊錢，現在不同啦！舊鍋換新彩色鍋，一個值 50 元。」接下來的電視廣告鏡頭映出了好多家庭主婦，忙著拿舊鍋去換彩色鍋，一路上絡繹不絕，成群前往，並且都笑嘻嘻地說：「真合算。」這個廣告播出後，很多家庭主婦都拿還能用的舊鍋去換彩色鍋，後來大家又拿破的、壞的舊鍋去換新鍋，在臺灣掀起了一個換鍋熱潮。

理想公司採用以舊換新的促銷手法，使彩色鍋的銷售獲得了突飛猛進的進展。以舊鍋換新鍋活動推出的第一個月，彩色鍋竟然銷售了 6 萬個；第二個月，又銷售了 6 萬個；第三個月，彩色鍋開始銷往美國，三個月合計臺灣一地就銷出了 15 萬個，比原定銷售計畫超出了 2 倍多。

3

集點換物

促銷工具　介紹

「集點換物」又稱積分優待，是一種先消費後獲贈的促銷活動。其基本形式是：消費者需收集產品的購買憑證，達到活動規定的數量即可換取不同的獎勵。獎勵可以是現金，也可以是禮品，或者是下一次購買的折扣優惠券等。「集點換物」活動中，用以累積積分的憑證通常為產品包裝上的某一特殊標誌，如瓶蓋、商標貼、包裝袋等，有時企業會專門印製刮刮卡之類的卡片，消費者可以收集這些卡片到指定地點兌換贈品，或是憑這張卡片參加抽獎活動，就有機會贏取大獎。

集點換物是一種成本低、活動持續時間較長的促銷方式，在建立再次購買和保護現有使用者免受競爭品牌的干擾兩個方面極有成效。而且消費者一旦參加了活動，就不會輕易退出而轉向競爭品牌，因此對競爭品牌是一種遏制。此外，「集點換物」能作為廣告宣傳的主題，並以此造成和競爭品牌的差異化。

促銷工具 疑難雜症

一、集點換物的適用情況

某些情況下，採用集點換物的促銷形式效果較好：

1.以吸引反復購買及持續性購買為目的時

持續性的促銷活動，能夠保證既有顧客的持續購買，有助於培養消費者的品牌忠誠度並養成購買習慣。

2.以減少消費者購買競爭者產品的可能性為目的時

在需要反復特定（指定的購買品牌或購買點）購買時，常可使顧客暫時停止非特定的購買，從而削弱競爭者的購買力。

3.適用於購買頻率高的產品

由於集點換物需要消費者收集多張憑證，因此適合消費週期短、購買頻率高、購買量大的產品。

二、集點換物的操作原則

1.一切以方便消費者為宗旨

這是舉辦「集點換物」特別需要注意的一條準則，只有堅持這項宗旨，才能減少活動本身存在的種種不利因素。如兌換地點、兌換時間的選擇，應充分考慮消費者的實際可操作性。否則，消費者會認為麻煩，而沒有耐心參與到活動中來。

2.使集點憑證容易得到

如產品包裝上的某一標誌。只要消費者購買產品，即可得到標誌，而無需另行索取。

3.活動計畫要週密

由於兌換工作牽涉到工作人員的安排、兌換憑證的回收、禮品的補充與存放、與兌換店店主的協調等等，既繁瑣又耗時，所以必須事先週密計畫，確保活動能有條不紊地開展。如果活動計畫有疏漏，消費者一旦不能滿意地兌換到禮品，既會造成兌換點秩序混亂，更有可能導致名聲受損。

三、集點換物的實施要點

1.事先宣傳

宣傳工作非常重要，它能吸引消費者的注意力，提高消費者的參與度，否則促銷活動就失去了意義。企業一方面可以通過公眾媒體宣傳促銷活動，另外，還可以在包裝物上註明促銷的內容，讓消費者一目了然。

2.兌獎規則

兌換的方式要簡單可行，直接明瞭。如 1 元就是一個點數，或 1 個瓶蓋就積 1 分。所設置的兌換比例也要明白易記，如以 5、10 等大家習慣的整數爲換算單位，並按相應比例遞增。

3.兌獎產品的選擇

兌獎產品的選擇遵循贈品的選擇原則，但是要實實在在，不能愚弄消費者，若把一些積壓商品當作獎品，到頭來只會產生銷售、商譽俱損的局面。在兌換數量的設計上，一定要顧及到「輕輕鬆鬆即可換得」的原則，適當設計幾個只需小量的積分就可得到的贈品，以增加消費者的信心。

4.兌獎地點

兌獎地點的選擇應便於消費者，對於一些小型的獎品，在零售處直接兌換，對消費者而言非常方便。但在兌換的獎品較大件或兌

換手續較麻煩時，企業一般都會單設兌換地點。這時，兌換地點應該選擇在交通方便的地方，要便於消費者前去兌換獎品。

5.活動持續的時間

一般的集點換物活動都會有一個時間的限制，即在規定的促銷期內消費者購物才能得到積分券，並且只有在規定的促銷期內，消費者把規定數量的積分券交給廠商，才能兌換禮品。有時間限制的「集點換物」促銷活動，是期望消費者在短期內增加購買次數或購買金額，而且，對企業來說較易於控制活動的預算。

時間的長短對促銷活動有非常大的影響。時間短了消費者沒有足夠的時間收集所需的兌換憑證，消費者可能會放棄參與集點換物的活動；時間太長了，消費者又會缺乏耐心，甚至對公司產生抱怨。一般來說，「集點換物」不能像其他促銷活動只進行 2 個月左右的時間，一個組織嚴密、籌畫週詳的大規模「集點換物」活動要耗費需半年，甚至 1 年的時間。

6.兌獎產品總額的預算

由於消費者的參與率一般是難以估計的，所以兌獎總額的預算是一個難題，兌獎產品準備多了會積壓浪費，準備少了又不夠兌現。為了解決這一棘手的問題，有些企業在廣告中列出了贈品的總數，這的確為可能出現的斷貨準備了合適的說法。但這樣做，未必能真正站在消費者的立場解決問題，因為沒有消費者能知道所有獎品可以滿足多少天的兌現。比較有效的做法是在報紙中縫刊登兌獎動態，一方面隨時公佈所剩獎品的數量，便於參加活動者掌握，另一方面也可借此渲染活動氣氛。

促銷工具　對策

　　這種活動更適用於購買頻率高、消耗量大的產品，而對一些使用週期長、不經常購買的商品，如領帶、臺燈、電話機等則會毫無用處。

　　此外，由於集點換物持續時間較長、兌換較麻煩，對消費者吸引力有限，因此，強勢品牌開展此活動效果較佳，但對於吸引新消費者嘗試或推介新產品，則效果不明顯。

促銷工具　案例

　　在競爭激烈的航空界也常使用集點換物促銷方式，就是里程累積贈禮方式。累積里程方式，就是乘客以個人名義搭乘同一家航空公司的飛機，在一定時間內（或無限期）所累積的飛行里程數到某一標準，便可獲得航空公司的贈禮。這在國外航空公司尤其常用，是吸引乘客的有效策略之一。

　　各個航空公司規定的累積里程數的標準是不一樣的，贈禮內容也不盡相同，這是航空公司吸引客人的關鍵所在。一般說來，大部分的計畫都是以3.2萬公里作為贈送來回機票的最低限數，超過3.2萬公里，則視航空公司的能力與航線範圍，給予花樣繁多而豐厚的贈禮，如客艙升等級、計程車及旅館優惠、優先訂位及補位服務等。也就是說，對於里程累積越多的乘客，所給予的優待贈禮越是呈倍數增加。對於乘客來說，花錢搭飛機還有後續好處，何樂而不為；而站在航空公司的立場上，這樣做也有很多好處，除了能夠吸引更多的新乘客外，最重要的是鞏固老顧客的「忠誠度」，使他不想換搭其他航空公司的飛機，以避免喪失正累積的里程數。

4

遊戲促銷法

　　人類天生就有喜好遊戲的心理傾向，許多人對那些構思新穎、趣味無窮的遊戲活動更是來者不拒。「遊戲促銷」這種方式是基於人們喜好遊戲的天性而設定的。在促銷表現形式上，遊戲不拘一格，具有非常大的創作餘地，很容易把其他促銷形式的優點吸收進來。遊戲活動的關鍵是能否激發顧客的熱情與興趣，一旦某項遊戲活動不能產生這種效力，它的特殊魅力也會隨之消失。聰明的銷售人員將枯燥簡單的商業促銷活動變得豐富多彩、妙趣橫生，充分滿足了人們的這種需求，從而得到人們的廣泛青睞。「遊戲促銷」不拘一格的表現形式，很容易兼收並蓄，使它具有非常大的創作餘地。

　　新奇的活動主題，豐富的遊戲組合，都能引起消費者的好奇，提高消費者進一步瞭解產品的興趣，而這是通過其他方式的促銷所難以達到的效果，吸引人的遊戲主題能幫助產品廣告創造差異化，使廣告更易受到大眾的關注。並且人們在參與遊戲的過程中，會加深對產品品牌的記憶和印象。

　　最為重要的是，遊戲促銷能促進消費者反復購買。因為消費者多次購買，才能達到大多數遊戲活動的設計要求。促銷遊戲的獎勵

18

目標，一般經過獲取足夠多的標誌然後進行拼配才有機會獲得。大多情況下，消費者一旦學會了遊戲方法並參加了遊戲活動，中途就不會輕易退出，都會持續參加，甚至爲配合遊戲要求而增加購買量。

促銷工具 ＼ 疑難雜症

一、遊戲促銷的主要形式

1.將遊戲融入常用的促銷手法當中

常用促銷手法也許由於大家司空見慣，很難吸引人，但是能否考慮融入一些妙趣橫生的遊戲呢？如一個常用的刮刮卡式的抽獎活動，若賦予其特定的規則，使得普通的刮刮卡抽獎活動更具遊戲功能。

例如，啤酒曾經推出過一個刮刮卡抽獎活動。這個遊戲刮刮卡形似啤酒瓶裝產品，左邊印著遊戲規則，消費者只需擦去遊戲卡上的方格，點數即會顯現，但每張遊戲卡只限擦去兩個方格，所得點數總和如下述，即可獲得相應級別的獎品：21 點獲頭獎，19～20 點獲二等獎，17～18 點獲三等獎。而卡的右邊即爲可刮擦的點數，遊戲參加者任意選擇兩個方格，刮開後相加的數字大於 17 即可獲獎。

2.拼字、拼圖遊戲

拼字、拼圖遊戲在國外是很受大眾喜愛的活動項目，在國內顧客接觸相對較少。其實，不少企業都可以在拼字、拼圖遊戲方面做文章。例如，將品牌或其他文字與遊戲結合起來，加強消費者對品牌印象的一種促銷活動。當然，前提必須是目標顧客喜歡做拼字遊戲。爲了讓顧客能夠充分理解遊戲內容和方式，可在產品包裝袋和相關的宣傳品上做簡明的解釋。

3.幸運組合遊戲

按規定將兩個或兩個以上的文字、數字或圖形組合在一起，即可得到相應的獎項。2002年世界盃期間百事公司的「球王爭霸賽」和以F4代言的「超級星陣營」幸運組合促銷活動都取得了非常好的效果。

4.尋寶遊戲

為了特定的目的，要求顧客通過尋找某一物品而參加的有獎活動，稱為尋寶活動。通過開展「尋寶遊戲」進行新產品的上市推廣，不失為一妙招，如要求顧客到各類零售賣場尋找到某一圖案（新產品包裝上貼有的顯著圖案），即可參加抽獎活動。不過開展該活動的前提是新產品已做了一些基本的市場工作，比如有一定的鋪貨率等。

5.複雜的遊戲

促銷活動的設計應以能否方便顧客參加為前提，當然，為了讓遊戲更好玩，有的廠家會推出比較複雜的遊戲來吸引人們的關注和參與。

二、遊戲促銷的原則

1.「遊戲促銷」具有趣味性

在設計「遊戲促銷」的方式時，首先應充分考慮其趣味性，這樣才能吸引目標消費者參與。

2.目標消費者就是遊戲活動的參與對象

應該針對產品目標消費群的心理來設計「遊戲促銷」，才能打動他們。雖然每個人都有一定的童趣，但處在不同年齡、不同階層的消費者，對不同的遊戲類型的接受度存在很大差異。如大人們覺得無法理解小朋友癡迷的「動感超人」；而令年輕人感到匪夷所思的是中年人對童年時代玩過的遊戲活動往往懷有特殊的感情。

20

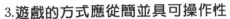

3.遊戲的方式應從簡並具可操作性

儘管遊戲內容的趣味性和可操作性在某種意義上有一定的矛盾，趣味性強的內容勢必會複雜一些，但是，只要遊戲的原理比較簡單，並能賦予時尚的含義，同樣具有可操作性。

4.「遊戲促銷」具有可控制性

遊戲的設計應該能有效地控制遊戲獎品的總數，如刮刮卡遊戲，只要控制兌獎內容和刮卡數量就可以了；收集產品包裝遊戲，只要控制關鍵的包裝憑證和市場投放數量就可以了。

三、遊戲促銷的實施要點

1.遊戲主題要有吸引力

主題要有創意、簡潔並極具吸引力，其內容不但要具備趣味性，能夠吸引顧客的注意力，而且要將產品或品牌內容巧妙地融入其中。如果具備一定的新聞性最好不過。例如利用「小燕子」電視節目紅遍大江南北的時機，創意了「小燕子飛飛飛」的促銷遊戲活動，就比一般的口號更能吸引眼球，不僅能刺激銷量的增長，也可提高消費者對品牌情感的深化。

2.注意參與條件的限制

參與門檻越低越好，零售終端遊戲活動最好不要限制參與條件，以集聚人氣、尋求商機為目的；製造商以產品為載體的遊戲活動可以配合優惠券一起進行。

3.獎品的設置要適當

消費者參與的誘因歸根結底還是在於獎品上，獎品的設置同樣是以大獎吸引人、以多數小獎平衡其消費心理；一般不用現金作為獎品，大獎可以是小汽車或出國旅遊，中獎一般為產品，小獎一般為紀念品，並且申明所有的獎品都可以換等額的公司產品，達到獎

品設置不忘品牌傳播的目的。

4.遊戲可以和其他促銷方式組合進行

遊戲可以和免費抽獎、即時開獎、競賽等活動一起操作，使促銷活動更有趣、更有看點，消費者更喜歡參與。同時也可以把優惠券等促銷方式融合在一起操作。

5.遊戲促銷的實施要揚長補短

儘管遊戲促銷具備趣味性與娛樂性，但是其本身的複雜性和局限性也阻礙了一部分人的加入，因此企業應揚長避短，在宣傳中突出歡快熱鬧的氣氛，盡可能簡潔明瞭地說明遊戲方法，通過演示、圖例等方法，讓消費者感到方便有趣，再以誘人的獎品作爲遊戲的鼓勵，保證「促銷遊戲」取得成功。

6.不宜設計最後抽獎的方式

消費者在遊戲上花費了一定的精力之後，商家設計成抽獎的方式來控制獎品數量，這樣會大大傷害消費者參與的積極性，促銷的目的就很難達到。

7.適當控制時間

遊戲促銷在時間控制方面不要延續得太長，以免消磨消費者的積極性。

促銷工具　　對策

遊戲促銷的適用範圍有限，一般應用於使用頻率高、重複購買率高的日常消費品，而且一般的促銷遊戲適合有一定市場基礎的品牌採用，對於新產品則達不到應有的效果，因爲消費者對於不瞭解的產品往往是不願付出精力的。

不同年齡、不同性格、不同教育程度的消費者，都會對遊戲活動有不同的反應。因此，一般很難設計出令所有人都感興趣的遊戲

活動，而這對於大眾化的消費品來說是一個極為不利的因素。

　　另外，遊戲活動的費用較高。比較複雜的遊戲活動需要投入大量精力「教」會消費者遊戲方法，在遊戲活動的舉辦過程中，還得做大量的廣告以渲染遊戲活動正在熱烈舉行中，還有不少獎品待發，以鼓勵消費者積極參加，為此企業需花費大量的時間和精力去進行廣告宣傳。

促銷工具　案例

　　在大街上或公園，我們常可以聽到「10 塊錢，拋四個圈；15塊錢，拋五個圈，套上那個商品拿那個！」這樣的叫喊，這是在街頭經常看到的把戲。然而，這種傳統、簡單的遊戲已經被超市所利用，成為商家招徠顧客、促進銷售的方法。與街邊所不同的是，只要顧客在超市內購物滿 38 元，就可以拋兩個圈子，48 元可以拋三個，依此類推。

　　如果還簡單套用老一套的促銷方式，效果並不吸引人，而這樣的促銷遊戲比較新鮮，而且參與條件簡單，讓人購物之餘還享受樂趣。因此，不少消費者將購物小票紛紛拿來，從服務員手中接過圈子，然後開心地往地面上擺放的各種心怡的商品擲去，那怕是套住一盒牛奶、一包紙幣，大家都會發出爽朗的笑聲。

　　這種操作簡單、投入低的促銷方法也具有較好的促銷效果。比如，有些消費者本來只打算購買 35 元的商品，但看到超市的告示，購物滿 38 元就可以拋圈子套商品，也會追加購買量。

經營顧問叢書 199

5

加價獲贈

促銷工具　介紹

　　加價獲贈（Self-Liquidate largess），又稱為付費贈送，是所有促銷術中被用得最廣泛也最長久的一種，常被戲稱為「老而可信的促銷方式」。它是指顧客將購買某種商品的證明附上少量的現金，用來換取贈品。通常附上的現金金額低於贈品的零售價。

　　例如，剛上市的吉寶嬰兒食品（Gerber Baby Food）就採取了這種策略：憑一張吉寶標籤和一角錢就可以獲贈一個漂亮的洋娃娃。1930 年吉寶又推出了另一種別致的贈品：刻有嬰兒名字與出生日期的小兒湯匙，當年的代價是 6 張吉寶產品的標籤和二角五分錢，如今則是一張吉寶標籤加一美元。為人父母的消費者覺得這種贈品有特別的意義，可以作為紀念品保留下來，所以這種具有獨特吸引力的贈品每年平均訂購量均在 10 萬份以上，而且迄今仍然繼續贈送。

促銷工具 疑難雜症

一、加價獲贈的關鍵要素

1.促銷目的

企業更願意採用加價獲贈的方式，除了因為它花費低、易處理，還因為可以用它來實現不同的目的：

(1)節省費用

由於消費者支付了郵資、處理雜費及稅金等，因而就節省了企業的一部分費用。

(2)擴大品牌形象

凡是以感性訴求為銷售重點的產品，即可用加價獲贈的促銷方式來擴大並提升商品形象。最成功的加價獲贈促銷的例子是「萬寶路」香煙（Marlboro），它將「西部」的廣告主題與贈品緊密結合來擴大商品形象。

(3)強化廣告活動

產品與贈品如能與廣告中的模特兒、代言人或是主題有密切的聯繫，將能獲得絕佳的效果。

(4)協助業務人員取得較佳的店面陳列

一個魅力十足的贈品，即使行銷人員可運用的經費非常低，亦能獲得經銷商的全力支持。這樣一個具有高度需求的商品，常是零售商的進貨主角，您可先將贈品送給零售賣場經理或櫃檯經理，以激勵他進貨的意願。

(5)維護品牌忠誠度

用實際回饋現有顧客以取得他們的信任，提升他們對品牌的忠誠度。

2.促銷費用

在運用加價獲贈時，企業通常只需花很少的費用，甚至無需任何開銷即可運用自如。如果贈品費用、贈品處理費用、郵寄開銷等全由消費者承擔，那麼在加價獲贈活動上真正的支出，應只限於廣告和促銷的花費而已。至於贈品支出方面，贈品製造商往往會給予較高的折扣。

一般來說，促銷的費用主要包括以下幾個方面：

(1)媒體廣告費，由廠商單獨付費或聯合大家均攤；

(2)促銷輔助物，如海報、郵寄優惠券、布旗、陳列架及其店頭宣傳品；

(3)其他代理、執行費用（不包含消費者寄來的支出）。

3.贈品選擇

選擇贈品是有技巧的，要注意以下幾個方面：

(1)贈品要獨特而卓越

贈品最好是只能從此次贈送活動中獲得而別無他途，這樣往往能提升其本身的價值。

(2)可以選擇名牌產品作為贈品

名牌產品的知名度、美譽度、忠誠度都比較高，選擇名牌產品作為贈品可以利用名牌產品的知名度提高自身產品的知名度。贈品需要消費者支付的價格僅僅是成本價格，因此可以形成「名牌」與「價格」兩大優勢促進銷售。

(3)事前測驗消費者對贈品的喜好

舉辦活動前務必做好贈品的喜好測驗，可以根據消費者的喜好適當誇大贈品價值，在一定程度上增加消費者「物有所值」的強烈感覺，但要避免過分誇大給消費者造成的不實之感。

(4)要確定適當的贈品價值範圍

贈品價值是選擇贈品時必須考慮的主要因素。依傳統習慣而

言，加價獲贈中贈品的選擇常是低價品。但近年來，對贈品的價值已有較大的轉變。贈品多以 10 元～80 元為主要範圍。一般來說，加價獲贈的贈品可評估出其零售價值，所以最易於獲得消費者的認同與承兌。最理想的贈品價格，應是比贈品的市價低30%～50%，這樣才能贏得消費者的參與。

4.贈品兌換處理

在進行贈品的兌換過程中，必須注意贈品郵遞的遺失、運送時間的耽誤、投遞的錯誤和一些潛在而未知的意外等問題。因為加價贈品必須由消費者支付金錢，所以，與其他促銷如郵寄所導致的錯誤相比，消費者對贈品處理的失誤更為失望和反感。

5.效果評估

評估加價獲贈促銷效果好壞的最正確方法，應以針對全套促銷活動計畫所設定的目標作為評估的基準，即以消費者來函兌換贈品的數量為衡量依據，這與傳統的做法有很大的不同。

好的加價獲贈的效果應當符合一個普遍認同的標準，即加價贈品的兌換率大致要小於此活動的總媒體廣告發佈率的 1%。一般來說，贈品的好壞、消費者階層的不同、商品的價格和促銷優待價值的認同等是影響兌換率的最主要因素。

綜上所述，贈品的選擇是促銷活動的關鍵所在，但促銷費用、對象、嚴格的兌換控制程序和效果反應等也不可忽視。

二、加價獲贈的操作技巧

1.強化贈品包裝

一個魅力十足的加價獲贈若在包裝上加以強化，就能在媒體廣告和零售點上從競爭者環擁的叢林中脫穎而出。加價獲贈是一個低誘惑的促銷活動，若非贈品，消費者很難對促銷活動產生強烈的渴

望。所以舉辦單位要謹慎地選擇恰當的贈品,並從包裝上吸引消費者,才能讓促銷活動辦得有聲有色、與眾不同。

2.保證贈品的獨特性

出色的加價獲贈促銷活動,關鍵在於所提供的贈品只能從此次贈送中獲得,絕對無法從別處找到。愈來愈多的企業開始力力挖掘獨特的贈品,特別是流行又時髦的東西,利用其特殊性,使促銷活動大受歡迎。至於贈品的價格,根據經驗來看,價錢低於市價的 30%～50%最為理想,能贏得消費者的參與而使這一促銷形式大有收穫。

3.設定廣告期的長短及贈品兌換的有效期

由於活動隨時可以展開,市場行銷人員應當根據各種不同的市場狀況,將手中早有的加價獲贈模式加以靈活變化,以符合實際需要。此類促銷活動的最大長處就是時間的安排相當富於彈性,可以隨時結束。

促銷工具　　對策

新穎、別致、符合消費者消費需求的贈品,是激起消費者積極參與加價獲贈促銷活動的關鍵因素。最基本的要求是贈品最好能與商品有所關聯,這樣才能激起消費者的興趣,進而達到讓消費者積極參與的目的。

由於消費者須為獎品支付一定的費用,所以要確保贈品具有吸引力,但同時,促銷活動的成本控制也是企業必不可少的關注焦點。

促銷工具　　案例

「雅芳」（AVON）是全美最大的 500 家企業之一，「雅芳」的產品很受女性消費者的青睞，它實行了一個具有高度創意的銷售模式——美容專櫃、專賣店、零售店和店銷員四種管道同時啟動，使更多的消費者能夠接觸和瞭解「雅芳」的產品和服務。雅芳借助 12 週年節慶推出了促銷活動。雅芳在其 12 週年慶祝之際，特別推出「歡樂週年一起來『蹦極』」的購物「三級跳」精彩促銷活動，聲明顧客只要衝破「蹦極」極限，就可滿載而歸。具體活動內容如下：

1 級跳：輕鬆買滿 60 元得一張標籤，再加 1 元，即可隨意挑選兩款經典香露中的一款；

2 級跳：買滿 120 元得兩張標籤，再加 1 元，可在「俏冬」手套和暖帽中隨意二選一；

3 級跳：買滿 240 元得四張標籤，再加 1 元，即可獲得時尚圍巾一條。

在這次活動中，雅芳贈品具有極大的吸引力和價值。手套、暖帽和圍巾有夢幻紫、暗酒紅以及時尚灰這三種顏色，色彩非常流行，極具時尚魅力，融合了韓日的婉約與時尚氣息，令佩帶者非常亮眼、俏麗、獨具風味。並且贈品非常具有時效性，該活動的推出時值隆冬季節，這些贈品很能恰到好處地滿足女性的需求，對消費者具有極大的誘惑力。除此之外，贈品價值不菲，零售的同類產品價格一般在幾十元左右，但現在只要購買產品再加 1 元就可獲得這些魅力十足的贈品。

活動持續了一個月的時間。這次活動借助週年紀念做文章，不僅鞏固了老顧客的品牌忠誠度，更以極其優惠的價格和贈品吸引新顧客的參與，擴大了其品牌的知名度，提高了其產品的銷售量。據

雅芳的促銷小姐介紹，她們的產品銷量比以前大幅上升，贈品也供不應求。

6

加量不加價

促銷工具 介紹

酬謝包裝是一種加量不加價的促銷方法，即以標準包裝的原價格，供給比標準包裝更大包裝容量的產品。例如，餅乾生產者可能在其原 200 克的產品中額外添加 50 克產品，而價格卻保持不變，這就是典型的酬謝包裝促銷。

酬謝包裝是包裝性消費品最廣泛採用的促銷方法之一，特別是在食品或日用品等方面運用得最為普遍。運用此種方法促銷不僅能提高產品的銷量，而且能將產品的試用者轉化為愛用者，是一種被經常採用最基本的促銷方法。

促銷工具 ＼ 疑難雜症

一、酬謝包裝促銷的適用情況

1.以提高銷量為促銷的目標時

在企業的促銷目標是增加消費者的商品購買量或使用量時，或是為了提高現有的銷售量時，採用加量不加價促銷術，是企業最好的選擇。

2.抗擊競爭對手推出新產品時

當競爭品牌推出一項促銷活動來導入新的競爭產品或提高現有競爭產品的佔有率時，運用酬謝包裝的促銷方法，這不僅可以與競爭對手相抗衡，甚至可能擊敗競爭對手。因為當競爭者舉辦促銷活動時，消費者手中已塞滿了企業的產品，再也沒有多餘的空間容納競爭者的產品，自然不會對其促銷有過多的反應。

3.產品已經獲得消費者的認可後

一般來說，新產品已經推出一段時間，並獲得了一部分消費者的認可，這種促銷方法比較適用，這有利於將產品的使用者轉為愛用者，並讓顧客形成購買習慣，成為忠實的顧客群。

二、酬謝包裝促銷的實施要點

1.做好成本預算

酬謝包裝是一種成本較高的促銷方法，酬謝包裝的促銷費用主要包括：

(1)附加的產品成本；

(2)特殊的包裝費用，由於加大了商品的分量，包裝也須加大；

31

(3)特別情況下的運送紙箱費用，如果商品為了配合促銷活動，其大小規格作了調整變化，運送紙箱也需調整；

(4)在工廠或發貨倉庫中額外增加的包裝與處理時間的成本；

(5)媒體廣告費，因為舉辦此種促銷活動，除了貨架展示外，需要更多廣告支援才能達到預期效果。

由於舉辦加量不加價這類活動的商品，不論規格大小、形狀和價值上均有極大的差異，再加上各個商品在數量的包裝及促銷品的運用上，各有其可行的方式，彼此截然不同，因此，此活動的成本估算，雖難以歸納出可供遵循的原則來，但絕大多數的實例顯示，從事包裝設計或製作的人員對此活動費用的估算，通常要比促銷經理更為專業。所以，在促銷活動執行之前，應儘量讓有關人員參與其間，則酬謝包裝所增加的製作費、印刷費才能確切地預估出來，以免造成無謂的資源浪費。

2.做好促銷宣傳

成功的促銷活動離不開有效的宣傳。如果促銷企業的實力強大並且促銷活動的時間長、範圍廣、力度大，就可以選擇在合適的媒體上進行促銷活動的宣傳。但對於大部分企業而言，關鍵是要做好POP廣告的售點宣傳。POP廣告要求醒目、簡潔並能準確有效地傳達促銷信息，最好能將促銷活動與消費者切實的利益聯繫起來。

3.充分考慮到酬謝包裝對標準包裝的衝擊力

毫無疑問，酬謝包裝的產品比標準包裝的產品更具有吸引力，此促銷方法一出，標準包裝的產品必然會受到冷落，很可能會形成產品的積壓。所以企業要特別注意處理好標準產品和加量產品的關係，並做好零售終端的管理。

4.考慮是否便於零售商陳列

此種促銷常需特別的放置方法與之配合。這是廠商和零售賣場最感頭痛的問題，也是許多零售賣場老闆抗拒此種活動的主因。因

爲附送包裝常與貨架規格不合，不便陳列，所以務必另辟一區以供陳放展示。

5.充分考慮到消費者的實際情況

有些產品加量後體積更大，可能會不便於消費者攜帶和儲存，尤其是一些需要放入冰箱冷藏的物品，更應該注意這一點。

促銷工具 \ 對策

酬謝包裝和減價優惠一樣，主要爲吸引現有使用者，鼓勵那些已接受某品牌的人士擴大購買，並以此作爲其購買的回報。

近年來，很多耐用消費品行業，如房地產、汽車、電腦等行業也採用了加量不加價的促銷方法。原因是這些行業都陷入了一種尷尬的境地，一旦降價，怕市場不買跌，如果不降價，成交量又上不去。所以很多企業希望通過增加商品的配置、服務等方法來促進銷量和避免價格戰。這本質上也是一種加量不加價的促銷方法。

需要注意的一點是，此種方法一般不適用於新產品。產品剛上市階段，由於消費者缺乏對產品的瞭解，一般不會爲這種促銷法所動，所以酬謝包裝在吸引新顧客購買方面作用不大。

一般而言，酬謝包裝幾乎無助於誘惑顧客試用新產品，或建立產品的品牌形象。由於包裝常需要特別的設計，加上在工廠與零售賣場中需要進行額外的處理，其花費可能相當昂貴。

7

包裝上贈品法

促銷工具 介紹

　　包裝上贈品是將產品附於外包裝，而非置於包裝內部。一般廠家都用膠帶或用透明成型包裝、收縮膜、套頭等將贈品與商品捆綁在一起銷售。一般包裝上贈品種類繁多，也有的將優待券、折價券等印在包裝盒上或紙箱上，以便於消費者剪下運用。有時包裝上贈品與商品彼此相關聯，如買刮鬍刀送刮鬍膏、買罐頭貓食送塑膠罐蓋等，易吸引消費者的購買興趣。

　　包裝上贈送最大的優勢在於贈送商品一目了然，容易打動消費者，而且特殊的包裝也易引起消費者的注意，起到廣告的作用。

促銷工具 疑難雜症

一、包裝上贈品的選擇原則

1.根據消費目標的需求選擇贈品

　　贈品的選擇很廣泛，可以是銷售的產品樣品，也可以是一種標準或特殊產品；可以是一件有紀念意義的禮物，也可以是一種極具

實用價值的生活用品；可以是自己的品牌，也可以是其他品牌。總之，可以是各種不同的東西。只要適合目標消費群體的需求，都是贈品促銷物的選擇範圍。但同時要注重贈品帶給顧客的價值感和實用性，只有這樣，才能夠使贈品贈得有效，贈得有「理」。

2.所選擇的贈品應該與產品相關

贈品與產品本身的內在關聯性是贈品促銷的一條鐵律，產品和贈品之間最好存在某種自然的聯繫，否則就等於白送。要求必須從產品的特徵、功用和品牌的屬性、內涵等多方面進行斟酌，找出與產品本身、品牌訴求有關聯性的贈品。比如買酒送酒具，買香煙送打火機，這是產品在使用上有嫁接點；又如同屬於電器、家居用品等的同類產品，這樣在廣告傳播上容易找到共同點。但有些促銷活動類似於「買電腦送鋼筆」，把兩件關聯不大的產品湊在一起，難免在活動傳播上大費腦筋，而且不容易為消費者所記住。

3.所選贈品與產品屬於同一檔次或水準

贈品的目的是為了吸引消費者的購買，如果高檔產品搭配一種低檔贈品或劣質贈品，不僅起不到促銷的作用，反而會影響產品的形象。

4.贈品不能喧賓奪主

贈品永遠是為襯托、宣傳商品而設計的，如果過分地突出贈品，就有喧賓奪主之嫌，促銷商品反而變為促銷贈品了。因此，在實施贈品促銷時，要注意以下兩點：

(1)價格搭配。贈品的價格應該低於商品，並有一定的價格差。如購買一瓶醋，贈一瓶醬油，既不符合經濟合理性原則，也讓顧客對醬油的品質產生懷疑。

(2)外形體積的搭配。一般來講，贈品在體積上應小於商品，否則，不僅會顯得不協調，還會使贈品遮蓋了商品，違背促銷的目的。一般認為贈品體積不宜超過商品的 2/3。

5.贈品要精緻

只有精品才能讓顧客愛不釋手。有的顧客之所以購買商品就是因為看中了贈品。這與古代「買櫝還珠」有相似的道理。

6.贈品使用率或提及率要高

贈品一般都是低值易耗的。比如贈洗滌用品，迎合了家庭主婦的胃口，因此很受歡迎。如果贈一兩年也不用一次的用品，消費者拿回家放置起來直到忘記也沒有用過一次，那麼贈品也就「白送」了，失去了贈品本身的意義，不能對顧客產生吸引力。此外，如果贈品有精彩的故事，可以讓消費者津津樂道，還可以促成口碑傳播。

7.贈品要力求突出

最好不要挑零售賣場正在銷售的商品作為贈品。如果所選的贈品相當平凡，最好在贈品上印上公司品牌、商標或標誌圖案，以突出贈品的獨特性。

8.贈品要保證品質

贈品品質不僅是法律條文所規定的，而且也是贈品能否起作用的基礎，甚至影響到企業的生存和發展。因為贈品不僅代表了自身的信譽，而且是商品企業信譽、品質的代表。與主商品和企業存在著一損俱損的生死關係。當贈品選取別家公司產品時，贈品的品質問題還會侵犯「贈品」公司權益，引起法律問題，擾亂正常的市場秩序。

二、包裝上贈品的選擇技巧

1.唯一性的禮品往往成為首選

如果這種贈品只能從促銷活動中獲得而無法從其他管道獲得，而且該贈品又是大多數消費者非常想要的，那麼這種贈品是最有吸引力的贈品，會產生較強的促銷力。

2.零售利潤較高的商品

顧客看一個贈品的價值高低，往往是以它的零售價來衡量的。如果商品的進價比零售價低很多，那麼廠家就能以較低的成本給顧客帶來最大的滿足感。例如，服裝、化妝品、小家電產品、玩具等商品都是進價和零售價相差較大的商品。

3.改造進價低的贈品

這是一種既省錢又讓贈品更有吸引力的有效方法。進價低可以節省促銷的成本，而改造則可以提高贈品在顧客心目中的價值感，讓顧客看不出贈品的真實價值。提升贈品價值可以通過文化、精神價值、個性化、人性化、創意等手法賦予贈品更大的價值。

4.選擇廠家自己生產的其他產品

這樣的贈品付出的僅僅是生產成本，當然比從外面購進贈品要便宜得多。如某公司為了促銷其生產的影碟機，以該公司生產的麥克風作贈品。

三、包裝上贈品的操作要點

1.贈品促銷的事前和現場宣傳很重要

在實行贈品促銷之前，廣告宣傳必不可少，可謂是「逢山開路，遇水架橋」的先鋒部隊。廣告宣傳的策劃必須符合本次贈品促銷的目標群體的地域、人口分佈、購買習慣、購買地點、興趣偏好等元素的特徵。有的放矢地把促銷的地點、時間、原因、贈品推薦等訊息傳達給目標消費群體。

另外，售點廣告也是必不可少的部分。現場的售點廣告對吸引顧客的目光，引發消費者的購買衝動具有不容忽視的作用。

2.突出贈品的獨特賣點

附送贈品是要通過贈品吸引消費者購買企業的產品，而有一個

好名字是贈品具有吸引力的首要條件。給贈品取一個響亮的名字，最重要的就是與產品的獨特賣點掛鈎。要求首先摸清楚促銷的目標消費群體喜歡什麼，對什麼敏感，最近有那些熱點使他們關注或興奮，然後將這些元素與售賣產品本身的核心利益相結合。

例如，寶潔在策劃海飛絲洗髮水贈品時，對於要送出的贈品中的一本薄荷海飛絲洗髮指導手冊，就爲其命名「清涼海飛絲至酷洗髮秘笈」；而在向小店店主贈送售賣手冊時，又命名爲「小店百事通」，使小店店主覺得拿到這一本手冊，售賣寶潔產品就簡單快速多了。

3.贈品要推陳出新

贈品切忌一成不變，要經常推陳出新，否則就不能引起顧客的興趣。例如可以根據季節或節日的特點選擇不同的贈品，避免一種贈品送到底。

4.處理好贈品和促銷主題的關係

廠商應緊密結合促銷主題來開發贈品，否則南轅北轍、互不相干，當然效果也就差了。如可口可樂與電腦聯合開展的「動感互聯你我他」的主題促銷活動，贈品就有電腦、遊戲軟體等與主題十分貼近的贈品，極大地強化了促銷的主題，增強了促銷效果。

5.防止贈品損壞或被盜

舉辦包裝上贈送促銷時，當所附贈品很精美而包裝保護性不好時，極易導致贈品被顧客偷走，或被店內的工作人員佔爲已有。如何將贈品與產品妥當地包裝在一起，是此促銷方式應該注意的最大問題。

6.考慮贈品包裝是否便於賣場的陳列

舉辦包裝上贈送促銷時，由於受贈品的體積及外形的影響，可能會造成陳列上的不方便，所以在贈品包裝前，應該瞭解賣場的陳列狀況並與零售商保持良好的溝通。

7.加強贈品的庫存管理

舉辦包裝上贈送促銷，因附贈品的包裝與正常商品不同，對廠商和零售商而言，均易造成庫存管理不當的問題。

促銷工具　對策

包裝上贈送頗受消費者的歡迎，也是零售商和廠家最常採用的一種促銷形式。同所有的贈品促銷一樣，此法成敗的關鍵在於贈品的選擇，所以一定要注意選擇原則和選擇技巧的運用。

同時，贈品活動不可過度濫用，假如經常舉辦附贈品的促銷活動，會誤導消費者，認為該產品只會送東西，而忽略產品本身的特性及優點。

促銷工具　案例

「福臨門」食用油在歲末推出了贈品促銷活動，活動期間購買「福臨門」食用油1瓶，即可獲贈綿羊奶護手霜1支。贈品和產品雖不存在什麼關聯性，但是卻是食用油的使用者——家庭婦女所需的產品。福臨門還附上了情誼濃濃的廣告語，其內容是：「元旦、春節在即，為全家做出一桌好菜，您辛苦了！操勞的雙手更容易在忙碌中不知不覺受到傷害。在這個冬日，福臨門送上護手霜，滋潤好主婦為全家操勞一年的雙手。」

8

包裝內贈品法

促銷工具　　介紹

包裝內贈送，顧名思義就是將贈品放在產品包裝內附送。包裝內附贈品的促銷方式經常被保健、美容類產品和兒童食品所運用。如兒童食品內贈送玩具、化妝品包裝盒裏面送洗面乳等。與包裝上贈送相比，包裝內贈送的最大優點是可以讓贈品 100%到達顧客手中，不易被損害或流失。而且消費者會清楚地知道這是廠家而非零售商所作的促銷。

促銷工具　　疑難雜症

一、包裝內贈品的選擇

包裝內贈品是贈品促銷的一種形式，在產品的選擇上遵循贈品選擇的一般原則。但也有其特別之處，在於：

1.包裝內贈品體積有限制

包裝內贈品的形狀、體積受到限制，此類贈品通常只能是價位較低、體積較小的產品，但如今亦可能提升至大規格、高價值的東

西,如把毛巾、床單、盤子等附在洗衣粉的盒子內贈送。

2.注意產品的安全問題

由於是多種產品包裝在一起,所以必須注意產品的安全問題,尤其是食用產品。包裝內贈品要符合條例。

二、包裝內贈品的操作要點

1.增加贈品的可視性

包裝內贈送的關鍵是讓消費者看清包裝內的贈品,這才能保證包裝內贈品的吸引力。解決的辦法是採用透明材料來包裝產品。如某太空酒把黃金珠子放在酒瓶中作贈品送給顧客。

2.外包裝上要有提示

在外包裝上寫明「內有贈品」字樣,以吸引消費者的注意力。

3.可以設計成套贈品

為了刺激顧客多次重複購買,廠家可以在促銷商品的包裝中放進成套贈品的一件或幾件,顧客為了得到整套贈品,只有多次購買。成套贈品通常有一套茶具、餐具、酒具、廚具、玩具、郵票、圖書等等。

促銷工具 ＼ 對策

用這種方法進行促銷,必須注意:如果產品的價格本身就低,這時再附贈品就不划算了。還要注意以下幾點:

1.要避免浪費－部分企業的促銷贈品

這就要求分析區分那些沒有贈品也會購買產品的人和有贈品才會購買的人。

2.嚴格控制額外成本

因為製作新的外包裝、調整包裝工序都會產生額外成本，而這對顧客並沒帶來什麼好處。

3.注意和零售商的溝通、協商

零售商可能會拒絕非標準包裝，特別是在百貨銷售中拒絕的可能性更大。

4.控制贈品促銷的度

如果贈品促銷用得太多的話，消費者就不再認為贈品是額外優惠，從而使贈品成為一種非有不可的成本開支。

促銷工具 　 案例

某牌洗髮精曾採用過洗髮精內送黃金墜子的點子，這一促銷方法取得了巨大的成功，影響所及，銷售節節高升。

成功的關鍵在於贈品的誘惑性與可視性：①其洗髮精的包裝是透明藍，因此放在瓶內的黃金墜子清晰可見，對消費者產生了很大的吸引力；②所贈產品為黃金墜子，價值相當高，對消費者而言是一種相當具有誘惑力的贈品。從這一案例也可以看出包裝內贈品成功的關鍵因素：贈品的選擇和視覺化包裝。

9

包裝外贈品法

促銷工具　介紹

　　這種方式一般在零售終端賣場贈送給顧客。因為此類獎品通常體積較大，無法與產品包裝在一起，但是可以擺在產品附近，方便消費者購買時一起帶走。這種方法如果得到零售商積極配合，增加贈品在終端賣場的展示機會，並用 POP 明顯標識，會對商品本身的銷售起到極佳的效果。

　　例如，美國利佛兄弟公司（Lever Brothers）與瑪活漫畫公司（Marvel.Comic Group）共同舉辦了一個特殊的「包裝外贈品」活動，凡是購買利佛公司 Aim 牙膏的顧客可以獲贈蜘蛛俠連環漫畫書（Spider man Comic book）一套，全書以漫畫的方式描繪牙齒保健的故事。利佛公司還在漫畫書的封底附印「生日大抽獎活動」的中獎券。這一搭配出色的促銷創意，使利佛公司銷量猛增。

　　與包裝內促銷和包裝上促銷一樣，包裝外贈送在促銷一般產品方面是成功的。而且這種贈送方法相當具有彈性，產品的選擇面非常廣。因所附贈品不必與產品包裝在一起，所以在贈品的選擇上有更多的運用空間。較大較實用的贈品皆可贈送，因為沒有體積大小的限制，只要具有吸引力即可。

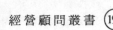

促銷工具　　疑難雜症

一、包裝外贈品的選擇

1.確定贈品的價值

包裝外贈送的選擇面非常廣，而且可以選擇價值較大的贈品，因此，要做好贈品的理性的分析。除導入期或抵禦高度的競爭等不得已的情況下，站在經濟分析的角度上，商品促銷活動必須是盈利的。在開展活動前就要進行價值和利潤核算，有利潤空間和活動餘熱的情況下則開展該活動。

2.給贈品一個好聽的名字

給贈品一個好聽的名字，也就更容易記住企業的品牌。例如「購麥當勞超值大餐，送史努比玩具」，麥當勞非常直接地將購買超值大餐的好處傳播給了消費者。因為麥當勞非常明確地告訴消費者得到的是「史努比」這個可愛的玩具。同時為消費者的口頭傳播定了一個十分清晰的概念。如果上面促銷語為「購麥當勞超值大餐，送可愛小玩具」，這樣的效果就差很多。

3.贈品也有季節性

贈品同樣具有季節性，所選擇的贈品應該為消費者當時所需要的產品。例如，一家傢俱廠曾在十月底作了一次促銷活動，買真皮沙發，贈送棉坐墊。棉坐墊柔軟，花色美觀，確實不錯，大半年過去，效果都很好。但是到了第二年5月了，天氣漸趨炎熱，該傢俱廠還贈送棉墊椅，儘管產品的品質更高了，價格也低了些，但是銷量卻下降了近一半。

二、包裝外贈品的操作要點

1.做好店員工作，避免漏兌情況發生

包裝外贈送，由於贈品與商品分開，零售商需增辟地方陳列贈品，增加管理上諸多的不便與麻煩。而且在結賬時要求店員必須腦筋清楚、記性好，除提醒顧客購買某品牌有附贈品外，更不能誤把贈品也一併算錢收費。

2.爭取零售商支持並監督促銷活動

由於此種促銷方法給零售商帶來諸多不便，零售商可能不樂意推動此包裝外贈送活動，導致贈品不一定會隨貨附贈或不會積極推銷給顧客瞭解，甚至把贈品放在倉庫，等促銷期限過後再充做正常商品單獨販賣。通常只要贈品一離開公司，促銷管理人員已難通盤掌握，因此，如果零售商不配合，促銷很難成功。

3.加強贈品的運輸和庫存管理，防止被偷或錯送

贈品分開陳列，很容易被偷或誤送。通常贈品被偷，主要是顧客或店內工作人員趁亂或趁工作之便「順手牽羊」。至於誤送，則是在結賬時失察，或是疏於管理所致。

4.儘量避免所送贈品與零售商所售商品衝突

當所附贈品與零售商庫存較多、利潤較高的商品直接衝突時，零售商往往不願接受此贈送活動。例如，五金店內的除草機促銷，隨貨贈送運草推車，如果該店也賣運草推車的話，當然不願擺出贈品，因為顧客得到贈品而無須再購買這種產品，導致零售商的整體零售利潤降低。

5.可考慮收費

如果贈品價格偏高時，可以向消費者酌情收點費用，這種促銷方式，我們常稱為「付費贈品」或「加價包裝」。

促銷工具　　對策

和所有的贈品促銷一樣，這種方法也要權衡諸多因素：贈品對目標市場的吸引力、它與品牌的相關性、它的成本、贈品領取的管理的可行性等等。

在這種促銷中，管理是關鍵的一個環節，因爲使用包裝外贈送進行促銷，製造商也會面臨如零售商不會恰當展示產品和贈品，或者這些贈品可能被盜竊的問題。因此，包裝外贈送只適用於產品的行銷人員已經控制了贈品管理的情況，如當製造商經營或者控制終端賣場，或者當分銷可以由行銷人員僱用的僱員控制時。

促銷工具　　案例

日本的橫濱市有一間日本料理餐館，名叫「有馬食堂」。這家餐館的裝修簡單樸素、外表也並不華麗高雅，它供應的菜式也非常大眾化，並無特色可言。然而就是這樣一家普通的餐館，生意卻不可思議的興隆，以帶小孩的顧客居多。

原來「有馬食堂」以饋贈的形式吸引顧客。具體做法是每當有顧客帶著小孩前來用餐時，該餐館的服務員就熱情地給顧客帶來的小孩送上一條有動物圖案的紙制圍裙。關鍵是這條圍裙的精美圖案由本店的「畫家」當場所畫，圖案由小孩選擇。小孩在餐館用餐時，圍上這一美不勝收的小圍裙，吃得非常開心；用完餐後，這條圍裙能夠帶回家去，使「小顧客」覺得自己又得到了一個禮物。事實上這條紙圍裙並不值錢，僅值 30 日元，但因為所畫圖案為現場所畫，且圖案深受小朋友歡迎，所以取得了極佳的促銷效果。

由於圍裙的圖案多種多樣，小孩常常希望多獲得幾條，因此總

要求父母帶他（她）到「有馬食堂」去用餐。多數父母都不會違背小孩意願，尤其是看到孩子得到圍裙的高興情景，自然會尋找機會常帶孩子前來光顧。最初，這些顧客與其說是用餐，不如說是為了取悅孩子。但是，一次兩次，重複多次，他們不斷對「有馬食堂」產生了感情，成為了忠誠的食客。這樣一傳十，十傳百，「有馬食堂」的名聲傳遍了橫濱市，它的生意也越來越興隆了。

10

可利用包裝物

促銷工具　介紹

　　可利用包裝物促銷的特點是把產品裝在容器內，當產品用完後，該容器可再次利用，比如可用來盛裝其他東西，或具有其他使用價值。有時候，這種包裝物的使用價值甚至超過促銷商品本身，使商品包裝成為吸引顧客購買的重要誘因。這種可利用包裝容器的促銷方式，通常可延伸商品的用途，容器一而再地被使用，充分發揮了贈品的利用價值。

　　此類促銷術之所以廣被應用，主要在於能及時激發消費者的購買欲。當消費者在貨架前準備購買某品牌時，舉辦這種包裝促銷，極易吸引消費者轉移品牌，此外，還會促使顧客轉買較大、較貴的商品。而且，如果包裝夠魅力的話，會取得店內展售區的優勢，這

又是另一項誘人的促銷利器。

促銷工具　疑難雜症

一、產品的適用情況

可利用包裝物促銷在藥品、保健品、休閒食品、高檔食品和飲料類產品中用得相當普遍。可利用包裝比較常用的一種是不易摔碎的類似塑膠的「膠玻璃」容器，罐內物品用完後，該儲物罐仍可繼續使用。例如，將利比番茄汁（Libby's Tomato Juice）裝在一個漂亮的大壺罐內，消費者除了盡情享受番茄汁外，還有額外的果汁壺可用，當然使他們更樂意購買。另外，像雀巢咖啡、果珍等飲品也採用了類似的方式。

現在，越來越多的廠家採用了可利用包裝物的促銷方法，並且在其可利用包裝物的外形上會經常性地做一些變化，以增強對消費者的吸引力。有的奶粉廠家將奶粉包裝設計成爲儲藏奶粉的罐子；有的巧克力廠家將巧克力的包裝設計成爲漂亮的音樂盒；有的廠家將包裝設計成漂亮的背包、小提袋、錢包、文具盒等，如喜之郎果凍的「水晶之戀」。這些包裝不僅是包裝，還成了吸引人的贈品，深受顧客的喜歡。

二、可利用包裝物的操作要點

1.可利用容器必須要有創意、精美

顧客常視此包裝爲商品的一部分，如果他們不喜歡，當然也就不會買此產品了。精美的包裝物還可以增強商品在貨架上的陳列效果，吸引顧客的注目，增加產品本身的促銷力。

2.注意適當地進行宣傳

爲擴大包裝容器的價值影響力，廠家可特地印製宣傳單，通過圖片來示範包裝物的多種用途，以引起顧客的興趣。

3.適當進行產品加價

如果可利用包裝物具備一定的價值，廠家可適當地將產品加價，增加利潤來源。只要包裝物精美、實用，加價合適，消費者一般都會接受。

4.設計成套的包裝物來增加吸引力

如果可利用包裝物是系列化的物品，促銷的效果會更明顯，能增加產品的使用量。例如，某奶油公司選用一組精緻的塑膠碗來裝奶油，顧客爲了能收集成套，會繼續購買商品或增加使用量以獲得此贈品。

促銷工具　對策

可利用包裝物進行促銷，主要需注意以下問題：

1.可利用包裝物的設計要便於陳列和管理

爲避免在零售層次的管理、儲存和上架中出現麻煩，要求包裝物的尺寸與規則容器的尺寸不要相差太大，在質地上儘量避免易碎包裝。

2.儘量控制成本

由於可再用容器常需特殊規格的紙箱裝運，會增加印刷成本及儲運的困難。

3.保證可利用包裝物的吸引力

如果可再使用容器對於顧客的吸引力不是那麼大，則可能會導致銷售額的減少，特別是如果這些容器的使用導致產品的價格上升時。

4.注意對零售商的監管

如果零售商也賣同樣的容器贈品，零售商很可能會私自留下而不願意送給消費者。「為什麼可以賣錢的東西要拿來免費贈送？」這往往是零售商精打細算的生意經。

促銷工具　案例

有一枸杞酒的生產廠家充分運用了包裝物的促銷方法。企業為了促銷枸杞酒，生產了一種特殊、別致的盛裝枸杞酒的容器，就是這個特別的容器，促進了枸杞酒的大賣。這個容器是由不銹鋼密封的玻璃杯，底部有塑膠襯墊，不會燙壞桌面；中部也有塑膠墊環繞，不會燙手；瓶蓋上還有一個銅環，可用手指鉤住銅環把灌滿開水的杯子提起來；最重要的特性是它的密封性好，裝滿茶水後放在包裏滴水不漏，去上班、上課時使用非常方便。很多人購買這種酒主要目的並不是為了喝酒，而是為了得到該酒瓶作為飲茶之用。

11

節假日促銷

促銷工具　介紹

　　平時大家都忙於工作，無暇消費，雙休日、節假日才有時間購物，因此雙休日、節假日商場客流量明顯增多。並且，延長節假日不僅帶來零售業節假日市場的繁榮，更重要的是促進了文化、娛樂、旅遊業的繁榮。

　　面對假日，廠商當然不能也不會錯過這個機會，節假日促銷就是廠商專門針對特定的節假日所做的促銷活動。在節假日期間，人們的消費水準暴增，給商家帶來了無限的商機，在這一時期採取適當的促銷措施，會大大增加產品的銷量。

促銷工具　疑難雜症

一、節假日促銷的操作步驟

1.選擇可利用的節假日

　　企業主管不妨把一年中所有的節日都列舉出來，仔細地加以分析、篩選和研究，看看是否有切入的機會。在這　分析過程中，應

結合企業自身的情況、產品類型、消費習慣等選準時機，以便有利於發揮企業的優勢，充分利用一切可能的商機。

2.制定促銷方案

企業應根據市場分析，針對不同節假日的特點，事先做好銷售策劃工作，因為真正的成功往往只屬於那些能準確地捕捉商機、有備而來者。在制訂出方案的基礎上，按計劃行動，調整商品結構和經營佈局，備足貨源，準備人員等。

3.選一個靚麗的促銷主題

由於各個廠家和商家各顯神通，大舉宣傳，消費者往往被淹沒在各種促銷的海洋裏。促銷活動想跳出來，給消費者耳目一新的感覺，就必須有一個好的促銷主題。一個好的促銷主題可以對消費者起到第一步的吸引作用。

因此，節日的促銷主題設計有幾個基本要求：一要有衝擊力，讓消費者看到後記憶深刻；二要有吸引力或者能產生興趣，例如很多廠家用懸念主題吸引消費者繼續探究；三要簡短、易記，一些主題長達十幾個字或者更多，不容易引起注意。

4.恰當地選用各種促銷手段

節日前，顧客們都持幣待購、貨比三家，希望能在節假日裏花最少的錢買到稱心如意的商品，得到最好的服務。假日的銷售總量雖比平時多，但也有一定值。而且目前是買方市場，顧客挑選的餘地非常大，誰家的優勢大，顧客就會選擇誰。這優勢當中，價格是最敏感的因素，為了吸引顧客，廠商可以審慎地選用降價、優惠、打折、贈送等促銷手段，把節假日的銷售做得紅紅火火。

除了常用的降價和贈品外，還可舉辦一些活動，如抽獎、遊戲、猜謎、商品展示、表演等。例如，曾有一家企業在端午節期間開展了「教你包粽子」活動，就頗受消費者青睞。現場廚師展示的包粽子絕活讓各位主婦看得嘖嘖稱讚，現場的銷售也是一片火爆。

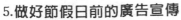

5.做好節假日前的廣告宣傳

很多消費類產品，如家用電器、服裝、酒類、食品等都是節假日消費觀念很強的產品，但這種節假日消費並不只是短暫的一兩天，而是在一段時期內均具有銷售潛力，因此一定要事先發動先期的廣告宣傳攻勢，引導消費者在節假日的消費，促成銷售旺勢的形成。

6.促銷活動的組織與實施

節假日促銷的環境嘈雜，因此組織實施更要有力。搞好節假日促銷，要事先準備充分，把各種因素考慮到，尤其是促銷終端人員，必須經過培訓指導，否則引起消費者不滿，活動效果將會大打折扣。

二、節假日促銷的實施要點

1.營造良好的節日氣氛和購物環境

良好的購物環境與氣氛也是促成購買決策的一個因素，應對商場進行精心裝扮，統一佈局店面廣告，商品陳列整齊美觀，獨具匠心地使用裝飾品，如氣球、燈籠、彩旗、霓虹燈等，烘托出祥和、熱鬧的節假日氣氛。例如，家樂福經常以各種特殊節日為主題進行促銷，有時也選擇專屬於自己的特殊節日，如週年紀念日等。促銷時，整個專賣中所有的陳列、裝飾均與此主題相稱，並體現出濃烈的娛樂氣氛。例如家樂福耶誕節的促銷，除了店內滿是聖誕飾品外，還讓員工扮成聖誕老人分送小禮品，形成濃厚的聖誕氣氛，和顧客一起歡度耶誕節，實現顧客的娛樂購物。

2.挖掘節日文化內涵

每一個節日都有自己豐富的文化內涵，仔細挖掘節日文化一定創造出無限商機。例如，中國過年風俗講究年年有餘（魚），麥當勞公司便曾在春節推出「年年有魚——麥香魚」，凡購買麥香魚組合套

餐的顧客可獲贈一套優惠卡，內含 24 張優惠券，優惠截止日期是 6 月 30 日，那麼要把 24 張優惠券用出去，顧客就需在 2000 年上半年 24 次惠顧麥當勞餐廳，手握著麥當勞優惠券，一般就不會邁進肯德基或其他「土」速食店了。

再如，傳統的春節是以尊敬老人為核心的，作為兒女不論身在何處春節一般都是要回家看望父母的，「常回家看看」是春節文化的主旋律。酒店順應這一旋律，打出「母親不用辛苦了，年飯請到三五吃」，除夕夜的年飯訂單早在數日前就已告罄。春節文化和其他節日文化確實是篇大文章，仔細研究它一定有「錢」途。

3.抓住節前禮品消費

從實際情況來看，消費者的節前消費主要是禮品消費，節假日期間消費是紀念性購物。前者是可以「誘導」的，後者對各商家來說是機會均等的。商家若想抓住節慶商機，就必須抓住前者，抓住節前消費。

4.幫助消費者解決節假日期間的難題

節假日期間，消費者最感頭痛的可能就是住宿與車票問題。商家若能與相關企業聯合促銷，幫助解決消費者節慶期間最關心和頭痛的問題，定能獲得消費者的青睞，相信吸引消費者消費也就勝券在握了。

促銷工具　對策

節假日促銷大行其道，但是那些和節日文化相距甚遠的產品，是不適合這種促銷的，即使要做，也要找到促銷的理由，而且要理性預測和控制投入產出比，切不可盲目跟風，揮金如土。

在節假日促銷時，儘量不要和強勢廠家正面對抗，尤其是不要和強勢對手大打價格戰，應該獨闢蹊徑。例如，提高服務水準或提

供特色產品等突出自己的優勢和賣點。事實上，節日促銷活動的設計，要「因己制宜」，這樣才能取得好的效果。

總之，節慶促銷，更要抓住節慶消費的特徵，制定相應的促銷方案，推陳出新，才能做到有的放矢，真正起到促進銷售的目的，賺得節慶黃金。

促銷工具　案例

情人節是一個典型的節日。某鮮花銷售公司為了佔領較大的市場，在情人節期間組織了一次別開生面且十分成功的促銷活動。

該公司首先對所在城市進行市場調查，發現情人節期間的主要消費群體是 20～25 歲的未婚青年。約佔 55%，其次是 25～35 歲的已婚夫婦，而 50 歲以上的老年消費群體也佔到了將近 5%。同時，調查發現有 57%的消費者認為每年都送玫瑰、巧克力缺乏新意，希望除贈送玫瑰、巧克力以外，能贈送其他更為時尚更有保留價值的禮品。

根據調查結果，該公司制定了以前兩類消費群體為重點訴求對象，帶動老年消費群體的目標市場定位策略。而且該公司在禮品上進行創新，仿照手織品中國結，開發出了系列的「情緣人結」禮品，包括「緣字結」「福字結」「同心結」「牽手結」等，並且採用了時尚、高檔材質的包裝盒。由於「情人結」概念及相關產品的低技術含量、易被模仿，為防止概念、產品的外流，該公司採取了嚴密的保密措施。

另外，在媒體上，以《「情人結」套住情人節·天天都是情人節》為主題進行廣告宣傳。並且與某舞廳合作，購買 9 支以上玫瑰贈迪廳門票。至活動結束，該公司售出近 50 萬支玫瑰和 1.2 萬個「情人結」。本次促銷活動取得了圓滿成功。

12

分期付款

促銷工具　介紹

　　所謂分期付款促銷，就是消費者在購物時不用一次把全部貨款付清，而是先交其中一部分，餘下的金額在規定的時期內分期償還。分期付款銷售的商品價格都要高於一次性現金付款銷售的商品價格，因為這種銷售方式為消費者提供了服務與方便，因此，商家要提取一定的服務費。

　　這類促銷方法常常被用於高額的耐用消費品，如現在消費者購買商品房或私家車時，開發商或廠商一般均採用此促銷方式。

　　分期付款能刺激具有購買慾望但現時購買力較差的消費者購買產品，能幫助消費者提前實現消費，促進廠商的銷售。此外，廠商還可以通過此種方法減少庫存、擴大知名度。

一、分期付款促銷的實施要點

1.綜合權衡是否運用分期付款

推動企業開展分期付款業務有利有弊，因此，不能盲目地追趕潮流。本企業是否適宜用分期付款促銷，要根據企業自身的經營項目、資金實力，尤其是流動資金的充足與否和效益的實現程度等多方面因素綜合權衡。

2.策劃分期付款的具體形式

分期付款的具體形式主要是指分期付款的時間期限和首次付款的金額。分期付款的時間期限過短，或者首次付款金額過大，都會失去對消費者的吸引力；而分期付款的時間期限過長，或首次付款金額過小，則會延長資金週轉時間，影響企業收益，甚至使企業得不償失。因此，必須合理地規定時間期限和首次付款金額。策劃時應根據商品自身的單位價格、大多數消費者能承受的支付能力及企業自身效益等因素綜合考慮。

3.分期付款促銷前需瞭解消費者信用及未來的支付能力

分期付款是用未來的錢購物，消費者能否如期付款，是分期付款促銷成功與否的關鍵。如果消費者的信譽不佳或支付能力弱，消費者未能按時、按量還款的可能性就會大，這會給廠家帶來非常大的風險。因此，在可能的情況下，企業應當對消費者的經濟狀況、信用程度進行必要的審查，以便盡可能地降低源於消費者資信方面的風險。

4.信貸手續應儘量簡單、方便

如果辦理分期付款比較麻煩，消費者可能會放棄這種購買方

式，尤其是一些產品價值不是很大的產品，放棄的可能性更大。例如，某手機產品推出了手機分期付款購買的活動，但由於活動手續麻煩、限制多、等待時間長，而且消費者消費能力較高，活動效果非常差。

5.信貸合約內容應詳盡、具體

合約內容要詳細、具體，預見到可能存在的問題，並作相應的規定，避免不必要的糾紛發生，這是對雙方利益的保障。具體內容應該包括還款方式、還款期限、商品所有權歸屬、違約處理等事項。企業應該請專人協助合約的擬定。

促銷工具 ╲ 對策

當然，採取分期付款的促銷方法可能會佔用商家的大量資金，這就要求商家有一定的資金實力，同時也要求製造商與銷售商之間有默契的配合。

分期付款的方式運用於購房分期付款和汽車分期付款，成效也不錯。現在很多其他領域也開始實施消費信貸，如商場購物分期付款、筆記本電腦分期付款、旅遊分期付款等。對企業而言，如果大量使用延期付款、分期付款或代銷等財務激勵促銷方式，會給企業帶來流動資金緊張，以及資金安全等諸多問題。

13

拍賣促銷

促銷工具　介紹

　　拍賣是一種特殊的商品交易方式。拍賣亦稱「競買」或「競賣」，一般是指由拍賣機構在一定的時間和地點，按照一定的章程和規則，通過公開競價而定價金的方法，將出賣人的財物售給出價最高的應買人的一種商品交易方式。

　　拍賣原來大多用於出售珍寶古玩、藝術真品、歷史文物等特殊商品，但現在有些廠商也將此種方法運用到了普通商品的促銷上。例如，沃爾瑪舉行「月光瘋狂大拍賣」，「拍賣」從正式營業結束後一直延續到午夜，期間每隔幾分鐘就有一單交易做成。再如，每年義大利的各大城市都會舉辦一次冬季服飾拍賣會，到 2004 年，活動預計可帶來約 40 億歐元（1 美元約合 0.75 歐元）的商機，平均每一個家庭的消費力在 220 歐元左右，這為低迷的服裝市場注入新的活力。

促銷工具 疑難雜症

一、拍賣的類型

1.英格蘭式拍賣

英格蘭式拍賣亦稱增價拍賣,它是指拍賣標的的競價由低向高依次遞增直到以最高價(達到或超過底價)擊槌成交的一種拍賣。增價拍賣是最古老並一直佔統治地位的一種拍賣,在拍賣活動中較為廣泛採用。

2.荷蘭式拍賣

荷蘭式拍賣亦稱減價拍賣,它是指拍賣標的的競價由高到低依次遞減直到第一個競買人應價(達到或超過底價)時擊槌成交的一種拍賣。

3.有底價拍賣

有底價拍賣是指在拍賣前,委託人與拍賣機構雙方經共同協商並以書面合約形式先行確定拍品的底價(也叫保留價),在拍賣時,凡競買人所出的最高競價達不到底價則拍賣不能成交。

4.無底價拍賣

無底價拍賣是指在拍賣前,委託人與拍賣機構並不先行確定拍品的底價,在拍賣時只要產生最高應價,拍賣即可成交。

5.密封遞價拍賣

密封遞價拍賣又稱投標拍賣,是指由拍賣人事先公佈拍賣標的的具體情況和拍賣條件,然後,競買人在規定的時間內將密封的標書遞交拍賣人,由拍賣人在事先確定的時間公開開啟,經比較後選擇出價最高者成交。

6.速勝式拍賣

速勝式拍賣是增價式拍賣的一種變體。拍賣標的物的競價也是按照競價階梯由低到高、依次遞增，不同的是，當某個競買人的出價達到（大於或等於）保留價時，拍賣結束，此競買人成為買受人。

7.定向拍賣

定向拍賣是一種為特定的拍賣標的物而設計的拍賣方式，有意競買者必須符合賣家所提出的相關條件，才可成為競買人參與競價。

促銷拍賣一般採取的都是無底價的拍賣方式，這樣最有利於吸引消費者參加，尤其是所拍賣的商品價值較高時。

二、拍賣的實施要點

1.做好事前宣傳

拍賣活動參加人數越多，喊價人數也越多，價格被抬升的可能性就越大。因此，商家若要舉行大型的拍賣活動，事先一定要大肆宣傳拍賣活動，並說明拍賣方式、時間、地點等事項。在宣傳時，要注意突出拍賣底價與商品實際價格之間的差距，比如「萬元名牌筆記本無底價拍賣」等宣傳口號就會給消費者帶來很大的刺激。

2.委託專業拍賣公司

拍賣活動是一項非常專業的活動，商家是個「門外漢」，因此，事先必須諮詢專業的拍賣公司，瞭解拍賣的流程、技巧等信息。此外，對企業的員工進行專業的拍賣知識培訓也非常必要。最後，現場拍賣工作要由專業的拍賣師來完成。

3.拍賣商品要具有吸引力

拍賣商品具有吸引力，才會吸引消費者來參加拍賣活動。所以，拍賣產品中一定要有幾件能「撐場面」的商品。

4.確保現場安全

如果拍賣活動非常具有吸引力，宣傳活動又做得好，可能會有很多的消費者前來參加拍賣。所以，要注意現場秩序的維護，避免意外事故發生。

促銷工具 ＼ 對策

拍賣促銷運用得還相當少，少數運用此方法的企業也存在著諸多的違規、違法現象。目前，只有專營拍賣的拍賣公司才有資格舉行拍賣會，而且舉行拍賣會前，一定要將拍賣會的時間、地點、內容等，以及拍賣的商品到所在地的工商部門備案。如果商場要進行拍賣，就必須委託有資質的拍賣公司組織拍賣，而且一定要由專職的拍賣師主持，拍賣師在拍賣前應當現場明示自己的從業證書。所以，企業在實施拍賣促銷前最好與當地的管理部門溝通好，合理合法地開展拍賣促銷，以免在不知情的情況下盲目開展，進行到一半時，被叫停，這樣不僅危害企業利益，也會失信於消費者，損害企業形象。

此外，網路拍賣也是一種成效卓著的促銷方法。網上拍賣就是將產品不限制價格在網上拍賣。網上拍賣市場是新興的市場，由於快捷方便，吸引大量用戶參與網上拍賣活動。許多電子商務公司也紛紛提供拍賣服務。

14

特價促銷法

促銷工具　介紹

特價是指在短期內通過直接降價的方法，以低於正常的零售價來優待顧客，達到促進銷售的目的。由於特價促銷對顧客具有特殊的吸引力和很強的視覺衝擊力，在連鎖超市、大賣場和商場等零售終端的應用相當普遍。

促銷工具　疑難雜症

一、特價促銷法的作用

在零售終端，特價促銷發揮了以下五大作用：

1.有利於提升產品的短期銷量

價格是影響消費者購物決策的關鍵因素，尤其是對有一定品牌知名度的日用消費品，低價格的優勢就顯得更明顯。特價不僅能刺激老顧客重複的大量購買，亦能吸引購買其他品牌的顧客購買本品牌，從而在銷售現場產生熱賣效應。

2.可作為對抗價格競爭的武器

特價促銷是抗擊競爭對手的有力武器。例如,當競爭產品入市時,可以利用特價促銷來吸引顧客,使顧客增加本產品的購買量。在一段時間內,消費者的消費量是固定的,只要顧客購買了足夠的本企業產品,自然就會拒絕購買其他品牌的同類產品,也就有效狙擊了競爭產品的進攻。

3.能挽留住目前的客戶

一般情況下,這種促銷方式在提高消費者的忠誠度與促進銷售方面極為有效。

4.容易操作和控制

特價促銷是簡單易行的促銷方法,無需過多的前期準備工作。只須供應商與零售商雙方協商好,降低商品價格,做好特價海報就可以開展了。而且特價活動週期短,可隨時開始和結束,促銷成本也可以事先確定,因此風險小,易控制。

5.特價深受經銷商、零售商和銷售人員的歡迎

特價可以爭取到零售商的特別陳列支持以及其他方面的照顧,如免費堆頭、賣場宣傳、協助推廣和優先結算等,能迅速提升賣場的人氣和產品的銷量。所以,深受經銷商和零售商的歡迎。特價也深受銷售人員的歡迎。銷售人員可以借助特價加快產品銷售,完成銷量指標,同時能減小業務開展的阻力。通常採用特價促銷後,銷售業績馬上就可以表現出來,銷售人員常常樂此不疲。

特價促銷可以迅速增強產品的競爭力,有效促使顧客購買,增加產品銷量,是企業促進短期銷售的有效手段。因此,越來越多的企業用這種手段來進行產品促銷和推廣。

二、特價產品的選擇要點

並不是所有的產品都適合做特價促銷，特價促銷的產品至少要符合以下幾種情況中的一種：

1.品牌成熟度高的產品；

2.消耗量大、購買頻率高的快速消費品；

3.季節性很強的產品；

4.接近保質期的產品；

5.技術、包裝、產品形態已屬於弱勢的產品；

6.同質化程度高的產品；

7.有特點、利潤高，儘管已銷售較長時間，但尚未被顧客認可，仍需培育的產品。

在進行特價促銷活動時，一般每次只選擇一個品種做特價。

三、特價的時機選擇

特價時機的選擇對促銷效果影響極大，企業要精心挑選特價促銷的有利時機。特價促銷通常在以下情況開展：

1.重大節日或當地發生重大事件和熱點事件；

2.當競爭品牌的行銷活動已對本品牌的地位形成威脅，或是有可能會對本品牌的銷售造成影響時，如競爭對手實行特價或推出新產品，為反擊競爭對手；

3.具有一定知名度的新產品上市時；

4.季節性很強的產品面臨淡季時；

5.舊包裝要淘汰的時候，或者有新賣點的替代產品即將上市時；

6.產品處於生命週期的衰退期時；

7.產品價格偏高,導致市場銷售不暢時。

此外,以下時機雖不是特價促銷的時機,但企業也會面臨迫不得已要開展特價促銷的情況:

1.缺乏談判籌碼的企業受到大賣場要脅,不得不接受特價促銷的要求時;

2.出於某種原因需要提升銷售量,如急於完成年度銷售任務時;

3.清理庫存,急於回籠資金時;

4.產品接近保質期時;

5.產品銷售下滑而迫於零售商或經銷商的壓力時。

四、特價的操作要點

1.特價幅度要適當

特價幅度太小,對顧客的吸引力太小,無法引起他們的購物慾望,促銷效果不明顯,也就等於浪費促銷資源;特價幅度太大,能在短期內大幅提高銷售額,但同時利潤損失慘重,而且很可能會引起其他超市的抱怨,也會帶來破壞價格體系等負面影響。

一般來說,降價的金額幅度應佔售價的 15%~20%以上,這樣才會有明顯的促銷效果,但降價幅度超過 50%以上時,必須說明大幅度降價的充分理由,否則顧客會懷疑這是假冒偽劣商品,反而不敢購買。

此外,產品具體的降價幅度根據產品的特性、競爭對手的情況又有不同。特價的產品降價幅度要有一定的競爭力,以低於同種產品中最暢銷產品的價格為宜。品牌知名度較低的產品,其特價幅度要大些;而知名品牌,小幅度的降價也會產生很好的促銷效果。經常開展促銷的品牌,其降價幅度要大些;而很少開展促銷的品牌,其降價幅度可以小些。

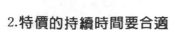

2.特價的持續時間要合適

促銷時間太長，會導致兩方面的後果：一是特價促銷的吸引力下降，促銷效果逐漸遞減；二是消費者對特價形成習慣，活動後的產品價格很難恢復到正常水準。而促銷時間太短，又達不到最佳的促銷效果。因此特價持續時間要合適。

一般來說，特價促銷的持續時間限定在兩週左右較為合適，最長不要超過 1 個月時間。事實上，大賣場特價促銷的持續時間一般都控制在 12～15 天之間，這樣可以使這一段活動週期內含有兩個雙休日，就能夠涵蓋更多的消費人流量。

15 天週期主要是針對新產品或新品牌而言的，對於具有一定知名度的新產品或新品牌來說，可以縮短特價促銷的持續週期。而大多數的成熟品牌一般會在週末開展短期的特價促銷活動。

3.特價促銷信息要發佈到位

特價促銷不僅要針對目標顧客將促銷信息發佈到位，而且要讓更多的人知道促銷的信息。尤其是在費用投入有限的情況下，做好促銷信息的發佈尤為重要。

(1)促銷信息要陳列在非常顯眼的位置

若將特價促銷產品陳列在最顯眼的位置並採用堆頭陳列，效果往往會更好。事實上，很多超市都是這樣做的，例如，許多超市設立特價品專區，位於大廳中央，十分醒目。

(2)做好特價品現場的宣傳

主要包括賣場內和賣場外兩個方面。賣場內，可以通過廣播、產品陳列、現場海報、導購人員導流與推薦、堆碼及喊話器等手段吸引顧客和傳遞促銷信息；賣場外，可以通過促銷信息欄、自製的展板、橫幅、海報和促銷展示台等發佈特價信息。

(3)利用好特價標籤

特價標籤要明確地標出原來的價格以及現在的特價，以便於消

費者比較，有效突出「特價」。另外，即使降價，也應儘量使用「折扣優惠價」「商品特賣」「讓利酬賓」等給人較好印象的字眼。

⑷利用好特價 POP

特價 POP 的利用，有以下三個基本要求：

①特價 POP 要簡單、明瞭，避免過於花哨，最重要的是必須讓顧客能一目了然，一看就知道價減了多少，一看即知是特價 POP 的基本要求。特價 POP 的內容應包括「原價格」、「新價格」、「特價幅度」、「品牌包裝」、「起止日期」等信息。

②整個 POP 的色調要保持一致，而且對於傳達特價品的種類與價格的文字或圖案，要用強調性強的色彩來表現，並應讓顧客能明顯區分。

③特價 POP 要用顧客喜歡的語句來表達，設計特價 POP 時一定要記住：顧客更願意購買「佔便宜的商品」，而不是「便宜的商品」。

4.特價促銷要爭取到賣場的全方位支持

要充分利用特價促銷的籌碼，爭取賣場全方位的支持，如免費刊登近期的賣場直郵廣告在信息發佈欄上、免費的堆碼支持、免費的場外促銷位置、免費的 POP，被允許在賣場的較好位置佈置特價促銷的宣傳物料、促銷期間免費的賣場廣播廣告和特價期間不允許同類競爭品牌進行促銷等，並要求賣場分擔一部分特價的降價損失。此外，還可利用特價單品來推廣本企業的系列產品，如要求在賣場裏做現場促銷。

5.做好特價促銷的過程管理

⑴備足貨源，及時補貨

爲了防止脫銷現象，特價促銷事先要預測一下可能的銷量，並結合賣場現有的庫存數量，補足貨源。同時，爲了防止萬一出現缺貨，最好在促銷信息的發佈上註明「數量有限、購完爲止」，以免引起糾紛。

(2)加強導購，攔截顧客

特價促銷若能與人員導購相結合將起到更好的效果，尤其是規模大、效果好的賣場，如果允許，可以同時安排多名導購員，對顧客進行有效攔截。

(3)及時恢復正常的價格

特價促銷結束後，應及時要求零售商將價格恢復到正常價位，並拆除現場所有的特價促銷信息發佈工具。

(4)評估特價促銷的效果

促銷結束後，對於特價促銷的效果從銷量、費用、正負面影響、顧客反應、賣場的反應和競爭品牌的銷售表現等方面進行綜合分析，檢討促銷目標，形成總結後上報公司。對經驗與不足進行及時的總結，並整理成文，以後可以作為行銷培訓教材。

6.要考慮到競爭對手可能作出的反應

特價促銷很容易遭到競爭對手的反擊，尤其是市場領導品牌的率先特價促銷，更容易引起其他競爭品牌的跟進特價；但當同行中某個知名度不高的小品牌率先推出特價時，其他品牌可能會對其置之不理，也可能採取其他手段對其進行打擊和遏制。

所以，企業在實施特價之前，必須充分考慮競爭對手可能的反應，並對「敵我」雙方的實力作出準確的判斷，對競爭對手可能採取的行動事前做好充分的應對準備。要求在執行時，要隨時把握競爭對手的一舉一動。如果特價促銷效果明顯，很容易引起競爭對手的反擊，導致惡性競爭，因此在策劃之初就應想好應對之策，力求避免捲入價格戰的漩渦。

7.積極應對競爭對手的進攻型特價

面對競爭對手的進攻型特價活動，企業不能坐以待斃，要迅速採取應對之策。

(1)開展有吸引力的買贈促銷、限量超低價發售等方式來進行回

擊。

(2)以不同於競爭對手特價品種的另一個品種來做特價。企業選擇功能不同的另一品種進行特價促銷，如此可以巧妙地避開正面競爭。

(3)固定或跟風推出一個市場暢銷品種作狙擊性品種。一旦競爭對手做特價，就推出狙擊性品種來狙擊競爭對手的特價促銷。

8.特價促銷的權限要適當上收

特價促銷的實施最好有市場部和品牌管理部門的參與，並經分公司甚至公司總部批准後才可實施。特價促銷的權限不能過於分散，不能過度下放到銷售分支機構甚至業務經理，否則，將引發過度的特價促銷。因為業務經理及銷售分支機構更注重的是短期銷售目標的達成和短期的利益，而不會過多地關注品牌的建設與行銷系統的建設。如果長期實行特價促銷會對企業的品牌產生致命的破壞力。

9.特價促銷要取信於消費者

企業做特價促銷時，一定要保證特價商品的品質和正常的售後服務，價格可以「打折」，但品質和服務不能「打折」。

五、特價的操作技巧

1.給特價促銷找一個合適的理由

巧立名目找出一個合適的降價理由來，不能讓顧客認為是商品賣不出去或品質不好才降價。以下介紹幾種常用的促銷理由：

(1)季節性的產品，換季特價；

(2)重大節日特價酬賓，如逢年過節的真情回報，國際節日的限期特價促銷；

(3)為超市慶典活動而開展特價，如新店開張、開業一週年都可

以成為特價的理由；

(4)特殊原因特價，如企業銷售收入突破 10 億元大關、企業獲全國大獎等值得慶祝的事件，或慶祝會議勝利召開等社會熱點事件。

一個好的理由更具促銷力，企業要根據產品的賣點、顧客的利益點和顧客關心的熱點找出一個好的特價促銷理由來。

2.將特價促銷活動與主題活動結合起來

有的品牌雖然一年四季特價不斷，但每次都有一個鮮明的主題，名正言順，事出有因，特價次數雖然多了點，但也沒有損害品牌形象。所以，因地制宜、推陳出新的特價促銷活動，應根據時尚、節日等各種契機找出最佳的特價促銷活動主題。

比如開展讓顧客付出「代價」的特價促銷，顧客取得某種商品（服務）付出的代價越大，對獲得的商品（服務）越珍惜。當然這裏的「代價」實際上只是有意識設計的一個「陷阱」，即讓顧客通過投入少量的時間、精力來獲取特價商品，從而提升特價在顧客心目中的「效用」，促使顧客重視並使用這一特價商品，達到促銷的目的。

3.選擇知名度高的產品降價效果更好

新產品，特別是知名度不高的產品，折價促銷幾乎毫無用處。因為顧客還沒有認同其價格，對產品也不熟悉，特價對顧客的吸引不如「免費試用」、「派發樣品」等有效。所以選擇知名度高的產品作特價促銷，會收到較好的成效。

4.單品大幅度特價比多種商品小幅度特價更有吸引力

一家零售賣場少數幾種商品大幅度降價，比很多種商品小幅度降價促銷效果好。賣場特價促銷的目的是以特價商品帶動整個賣場的銷量，只有在某種產品大幅度特價時，才有可能達到這個目的。而商品小幅度特價對消費者吸引力不夠強。通常情況下，商場、超市都會選擇少數幾種商品進行大幅度降價，往往能取得比很多種商品小幅度降價更好的效果。

促銷工具　對策

對於大賣場、超市、商場等零售商來說，他們最大的競爭力就在於產品的價格，通過某一產品的低價誘因吸引消費者前來賣場購物，促進整個賣場的銷量，而不僅僅是某一特定產品的銷量。而且特價促銷的費用往往是生產企業承擔，持續特價也不會影響到零售商的品牌形象。例如，零售巨頭沃爾瑪和家樂福每天都有數目眾多的特價商品推出，並且陳列在醒目的區域，深受消費者的歡迎。

所以，零售商總是千方百計地要求廠家在其店鋪做特價促銷，這對其來說基本上是百利而無一害的。但是對於生產企業而言，特價促銷並不是解決行銷問題的「靈丹妙藥」，它也有比較明顯的「先天不足」。在使用特價促銷時，需要注意特價促銷的種種不足，以便於決策者採取種種方法規避特價促銷的負面影響。對於生產企業而言，特價促銷需要注意以下幾點：

1.不可長期使用特價促銷

要避免頻繁、長期地使用特價促銷，防止促銷效果的漸趨下降，儘快在降價後提升復原產品的價格。

2.注意特價的幅度

特價促銷往往有損企業的利潤，特價所增加的銷量往往不足以補償企業的利潤損失。為避免降低企業的利潤，要注意特價的幅度。假設產品的利潤率為 20%，如果折價 95 折，至少需增加 33%的銷量才能取得利潤平衡；如果折價 9 折，則需增加 100%的銷量；如果折價 85 折，銷量需增加 300%。

3.把握特價促銷適用範圍

若企業特價促銷不當，只在某區域市場的單個賣場大幅度、長時間的進行特價促銷活動，其他賣場會立即發生反應，輕則找企業

討個說法，重則將該產品的零售價格調到更低，而一些小規模賣場也因低價衝擊而無利可圖，常常會拒絕銷售該產品。如此一來，引起連鎖反應，擾亂了整個市場的價格體系，降低管道成員對企業的忠誠度，破壞了企業辛辛苦苦建設好的行銷網路，也為競爭對手瓦解本品牌的管道提供了可乘之機。

4.留意競爭對手的反擊

要隨時注意由特價引起的競爭對手的反擊。企業大幅度或長期特價促銷，對同行的衝擊力非常的大，往往會引發競爭對手的「跟進特價」。有必要隨時注意並做好準備應對競爭者的反應。

對生產企業而言，特價促銷並不是對所有產品都有效，也不是任何時候都能起到很好的促銷效果，所以在運用特價促銷方法時應慎重、小心，尤其要控制特價的幅度、持續時間和使用頻率，切不可盲目濫用。

促銷工具　　案例

著名的跨國零售巨頭家樂福依靠特價策略打開市場，也同樣是依靠持久的特價來維持其市場比率的。事實上，在覆蓋的商圈內，如果家樂福發現競爭對手的某一商品的零售價格低於家樂福，家樂福會將商品以同等或更低的零售價出售。

家樂福進入某一市場時會首先採用特價策略。例如，把目標顧客定為工薪階層，重點推介商品為購買頻率較高的家庭日用品，以此吸引了大量的顧客前來購買，並且通過這些顧客的口碑傳播，使家樂福迅速提高了知名度。

15

提價促銷法

促銷工具　　介紹

　　一些企業因為價格戰而迅速搶佔了市場、擠垮了競爭對手。但多數企業對「價格戰」、恨得咬牙切齒,「價格戰」的濫用,殃及了越來越多的企業和行業,使企業在微利和虧損中掙扎,甚至破產。對於實力不足的商家或企業而言,打價格戰等於搬起石頭砸自己的腳,自取滅亡,於是每輪減價戰後總有不少商家淡出人們的視野。所以降價不是一個廣泛適用的促銷方法。

　　事實上,商家不僅可以對商品進行低位定價,以吸引那些講求經濟實惠的消費者;同樣,商家也可以對商品進行高位定價,因為高價位同樣具有優勢,如樹立品牌形象、吸引高收入階層,尤其是可以在市場中最先建立高價位時,這種優勢更加明顯。所以,如果企業能恰當、巧妙地運用提價策略,不僅能提高產品的銷量,提高產品的利潤,還能樹立起良好的企業品牌形象,可謂一舉多得。

促銷工具 ＼ 疑難雜症

一、提價的促銷依據

提價促銷之所以能夠成功，主要有以下幾個原因：

1.消費者買漲不買跌的心理

「價格戰」在降低企業利潤的同時，對促進消費者購買的作用似乎越來越小，因為人們往往有「買漲不買跌」的心理，即面對標價低的商品沒心思購買，盼著還有更低價，而當標價高時卻蜂擁購買，生怕價格還會漲上去。如果能適當利用消費者的這種心理，可以收到出奇制勝的效果，提價策略的運用便是最好的說明。

2.消費者將高價格與高品質畫等號

在消費者心目中，高價格與高品質之間基本上可以畫等號，產品價格越高則說明產品品質越好，高價格產品的品質肯定比低價位的產品品質要高。在很多情況下，消費者並不完全具備真正的產品識別能力來辨別產品的優劣，而價格的高低則成了唯一的判斷標準。

3.消費者的追求名牌心理

很多產品具有標榜身份的作用，這種產品價格越高，他所體現的代表意義就越濃烈。為了體現自己的身份和地位，消費者往往樂意購買價格高的商品。

「金利來」是著名的領帶品牌。在 1974 年，世界經濟處於低潮，香港也被捲入其中。股票下跌、企業倒閉、工人大批失業，購買力下降而導致商品積壓，不少商家打出「清貨大減價」「跳樓價」的招牌來吸引顧客。剛建立起來的領帶王國也躲不過這場風暴，銷售額下降，存貨增加，經營陷入困境，「金利來」領帶的降價似乎已不可避免。但是，如果「金利來」降價，那麼將使「金利來」領帶以「創

價產品」的形象出現在市場上，名牌將會淪為處理品，多年來好不容易樹立起來的尊貴、高雅的形象就會毀於一旦。探取了一種與眾不同的方法，提高了產品的價格。「金利來」的提價反而抬高了它在人們心目中的地位。這樣一來，反而吸引更多顧客來購買，銷售量並未比以前下降。

二、提價的適用條件

並不是所有的產品都適合提價促銷，也不是所有的企業都可以運用這種促銷方法。運用提價促銷的企業或產品必須滿足以下幾個條件：

1.產品在市場上有較高的知名度和美譽度

對於品牌知名度、美譽度一般的企業，因為現有品牌的消費群體有限，所以市場對於企業「產品提價」行為不能形成新聞效應和足夠的社會關注率。所以，提價產品在同類產品中需要具有一定的競爭優勢。

2.產品需求彈性不大

價格需求彈性是指需求相對於價格變化的敏感程度，用需求的變動率除以價格的變動率來表示。例如，某種產品的價格上漲 10%，銷量下降 5%，則這種產品的價格彈性內 5%÷10%=0.5。從經濟的角度來考慮，在價格彈性小於 1 時，企業提價不會引起銷售量的銳減，基本上能夠保持原有的市場佔有率，反而可以給企業帶來利潤的增加。

3.經濟形勢良好

在物價水準上漲，通貨膨脹率提高的經濟形勢下，企業的成本也隨之上升，不提價就不能保持企業的原有利潤水準，甚至虧損。在這種情況下的提價，顧客是能夠理解的。

4.產品的品質要有穩定保證

優良、穩定的產品品質是提價促銷的基礎，如果因為市場需求量大，增加了產量而降低了產品品質，企業的提價促銷就會得不償失，並可能最終導致整體行銷工作的失敗。

三、提價的時機選擇

提價時機的選擇是非常重要的。任何成功的促銷策略，用多了就沒有新意，人人都用就會失效。厚利就要多銷，策略就要與眾不同，並要選擇在適當的時機出奇制勝。

為了保證提價策略的順利實現，提價時機可選擇在這樣幾種情況下：

1.產品在市場上處於優勢地位；

2.產品進入成長期；

3.淡季提價，雖然對銷量影響不大，但促銷活動能夠吸引消費者注意力，而且競爭對手產品的聲譽也較小，消費者對價格的敏感度也較低，容易使價格平穩過渡；

4.競爭對手的產品提價，在此時進行提價促銷，不會降低企業的競爭力。

四、提價的操作要點

1.產品的提價要以品質保證為基礎

價格的提高必須以產品價值以及品牌作支撐，要使消費者相信高價格是因為產品的高品質，這樣消費者易於接受。若價格提高了，產品的品質卻很差，消費者一旦發現，就會有上當受騙的感覺，對企業的產品產生抵觸情緒。

2.提價前的媒體宣傳必不可少

通過宣傳，將優質的產品理念完整地傳達到消費者層面，讓消費者理解產品提價的原因，做好提價的心理準備，這樣價格提升後，消費者才不會感到突兀、不可理解。而且企業應多從消費者角度出發說明提價的緣由，避免說成本等企業方面的原因。例如，將產品的高價格與消費者的身份或社會地位聯繫起來。

3.產品必須有所改進或創新

企業對提價產品應進行必要的改進，但不應做大的改動（如主要功能的改動），以免老客戶的不適應。產品改進包括品質、性能的提高，也包括樣式、規格等的提高，只要物有所值，消費者就能夠接受。另外，對產品進行形象上的重新包裝是個取巧的辦法。

如果產品發生了改變（包括附屬產品、核心產品），在新品上市時就應及時給予更換，更換時間應在新品上市之時，不能早也不能晚，早了不能促進市場現有產品的銷售，晚了會使新品上市力度減弱。

4.應配合使用促銷手段

提價策略可與其他的促銷策略，如贈品、服務等促銷手段配合起來使用，來彌補提價對消費者的影響，以減少顧客不滿，維護企業形象，提高消費者信心，刺激消費者的需求和購買行為。

5.提價策略要獲得經銷商和零售商的支持與配合

這是提價促銷得以成功的關鍵點之一。企業在提價促銷前，一般應事先告知自己的管道商，向管道商陳述其中利弊。提價應充分考慮到各級經銷、分銷以及終端的利益配置，保證管道政策的實施，從而打造長期盈利的管道供應鏈聯盟。另外，為獲得經銷商和零售商的支援，企業應該全部或部分負擔經銷商產品更新的成本。

6.提價前要盡量清理庫存

提價前盡量使經銷商、分銷商以及零售商的庫存量較小，這樣

能夠保證商業企業間的平衡，使提價具有逼迫感。因為零售價的提高，必然導致各級批發價的提高，沒有庫存中間商將不得不按照新價格進貨與出貨。

7.業務員要講究工作方法

業務員在提價後的工作量很大，必須堅持不懈，同時講究方法，將公司政策用活用靈。說服一家經銷商的同意後最好鑑定書面協議，既是對這家的約束，也能更好地說服下一家。

促銷工具　對策

提價確實能夠增加企業的利潤率，但是「提價促銷」並不是簡簡單單的將產品價格提高而已，它實際上是一種操作難度較大的促銷方法，不當的提價會引起競爭力下降、消費者不滿、經銷商抱怨，甚至還會受到政府的干預和同行的指責，從而對企業產生不利影響。

因此，企業在實施提價促銷時，要做好以下兩方面工作：

1.提價必須在整個區域內做到步調一致，同時同步提價，否則在一個區域內產品價格不均衡，提上去的企業也會降下來；

2.在方式選擇上，企業應盡可能多採用間接提價，把提價的不利因素減到最低程度，使提價不影響銷量和利潤，而且能被潛在消費者普遍接受。

所以，提價策略必須建立在準確的消費者心理研究和精心策劃的基礎之上，一定要慎重、謹慎行事，不可盲目、毫無策劃地隨意提價。否則，盲目地提高價格，將提供給競爭對手一個趕超的機會，企業很可能失去原有的市場。

促銷工具 ＼ 案例

　　美國人鮑洛奇的重慶食品公司是一家生產「中國炒麵」的公司。該公司以「給美國人換換口味」的口號並運用東方神秘色彩的廣告，在美國食品市場上佔有一定的市場比率。當時，重慶公司在資金實力上屬於行業中的中等企業，總裁鮑洛奇深知公司經不起「薄利、降價、為市場比率而戰」的競爭。

　　為了制定促銷策略，進一步擴大市場銷量，鮑洛奇對中國炒麵的目標對象──中等收入家庭的特點進行了仔細的分析。分析發現：這些家庭的收入並不豐厚，但虛榮心卻在各類家庭中最強，最愛在親友面前保持自己富裕的形象。經過這些分析，鮑洛奇制定出了提價促銷的行銷策略，將重慶公司的「中國炒麵」定為同類產品中最高價位產品。

　　同時，在提價前，重慶公司在各類媒體上做了大量的廣告宣傳，營造了吃中國炒麵是家庭地位的某種象徵，是三餐之外最佳營養食品。再加上全新的包裝和標識、優良的產品品質，使重慶公司的「中國炒麵」在市場上出現了一個銷售高潮。

　　4個月後，重慶公司又傳出再次提價的消息，但公司並沒有在正式的傳播管道中確認和否定。市場上的消費者、商業企業出現了「投機心理」，發生「儲存式購買」，中國炒麵開始脫銷。時隔30多天，包裝稍加改變的「中國炒麵」，真的以更高的價格出現在消費者面前。市場調查表明，消費者不僅不認為「中國炒麵」的價格高，反而認為它「貨真價實」。鮑洛奇的「提價促銷」策略取得了巨大成功，「中國炒麵」成為美國麵食食品中的最高價格產品，公司進入了美國食品行業中的第一陣營。

　　鮑洛奇實施的「提價促銷」並不是簡簡單單的「漲價」，而是通

過調研，對目標消費群體的消費心理進行了詳細的分析，在此基礎上做出的「漲價」行為。而且提價促銷是分階段、有步驟地進行的，在每個階段中產品包裝和所運用的傳播方式都發生了改變。但是始終有一點是不變的──優異的產品品質。

16

退款促銷法

促銷工具　介紹

退款是指廠商在消費者購買商品一段時間之後，退還一定金額，退款的數目一般有三種標準：小額退還商品售價的百分之幾、全額退還、超額退還。

退款就是一種「折扣」促銷。但它在表現手法上比「折扣」勝出一籌。退款是在消費者購買了一段時間之後才給予的，因此消費者可能會認為是廠商對消費者的一種饋贈，而不會聯想到降價，避免了貶損商品形象和降低商品檔次的不良影響。而且，這種實質上的降價不會引發行業的降價大戰。

退款作為一種促銷方式起源於 20 世紀 70 年代美國能源危機時期，這一時期美國汽車的銷量直線下降，著名的汽車製造商克萊斯勒為了挽救頹勢，首先採用了退款策略：顧客仍以維持不變的價格購車，但交易成功之後，消費者會得到一張即期的現金支票。正是

這個簡單、有效的辦法幫助克萊斯勒汽車公司走出了銷售的困境。此後，這種促銷方法被其他汽車製造商競相效仿，成為美國汽車業慣用的一種促銷策略。

退款另一個隱蔽性的優點是，退款是在交易成功之後經過一段時間才返還給消費者的，這段時間款項的使用權仍歸商家，雖然數額可能不大，但積少成多，有利於商家的資金週轉。

退款優惠所退款項並不多，但這種促銷方式極具促銷力。它不但對吸引消費者試用的效果極佳，而且在培養顧客的忠誠度方面還具有極為神奇的效果。大多數的退款活動都要求消費者提交多個購買憑證才能得到退款，這對吸引消費者二次購買，並將消費者培養成最終消費者有很大的好處。即使某些季節性極強的商品，消費者也會照常購買。

另外，這種方法適用於各行各業，無論是快速消費品行業、醫藥保健品行業、美容化妝品行業還是日常生活用品行業都能運用自如，而且樂此不疲。退款對於刺激消費者購買一些不易銷售的高價位耐用消費品，如轎車、商品房等，往往有特殊效果，因為這些商品的退款金額較大，吸引力強。此外，對於那些無特殊賣點、市場同質化現象嚴重、銷售緩慢的滯銷商品運用此法也有不錯的收效。

可以說，退款促銷是一種非常有效的促銷方式，不但能吸引新的消費群體，幫助新產品入市，還能強烈刺激消費者不斷地連續購買，強化品牌忠實度，提高市場佔有率，而且無損於產品的品牌形象。

促銷工具　疑難雜症

一、退款的促銷目的

1.維護消費者的品牌忠誠度

如果消費者曾多次使用某產品，並能根據必要的購買證明主動要求退款優惠，則他已養成了購買的習慣或對某品牌的忠誠。同時，在消費者得到退款優惠時，促銷活動主辦者也獲得了此消費者的姓名和住址，這有助於針對使用者市場提供後續銷售的服務。

2.促使消費者試用產品

退款能以較低的費用激起消費者對品牌的購買欲。

3.激勵消費者購買較高價位的品牌或較大包裝的商品

退款的特點是消費者易於參與而又沒有任何明顯的風險，而且高價位產品退款較多，所以能吸引消費者花費較高的價格買較高價位的商品。

4.消化換季商品

退款能吸引消費者大量採購不當時令的季節性商品。例如春季時用退款吸引消費者購買下個冬季才用得著的防凍霜。

二、退款的適用情況

1.產品特點

對於銷售緩慢、產品差異化小、無特殊賣點、衝動性購買的商品，退款效果最好；反之，屬於大量販賣和快速週轉的商品不適合這種方式。

2.產品領域

在很少舉辦促銷活動的產品領域和間歇性地舉辦促銷活動的產品領域，退款效果較好；而在頻繁舉辦促銷活動的產品領域，退款一般效果不佳。

三、退款的促銷模式

退款有很多種形式，企業一般常採用以下幾種形式：

1.購買單一產品享受退款優惠

消費者不管購買的多少或次數，只要購買單件商品就可以享受退款優惠，多買多退。單一商品的退款適用於個人的理性購買型商品，或高價位的食品、藥品、家用品以及健康和美容用品等。例如，在美國，顧客購買一輛轎車，生產廠商會根據購車顧客寄來的退款申請卡和購車憑證（如購車發票），退還給顧容 500～1000 美元。

2.重複購買一種產品享受退款

「重複購買一種產品享受退款優惠」則不能按商品數量計算，消費者必須集夠一組廠家規定的標誌，方能享受一定金額的退款優惠。這種辦法是爲了刺激顧客多次購買，或一次大量購買。適用於促銷單價低、使用期短、購買頻率高的日常生活消費品。例如一種兒童果奶，每盒內裝有一張生肖刮刮卡，只要積累了一套完整的 12 生肖，就可以退還單件產品 12 倍的款項。

3.購買同一品牌的不同產品享受退款優惠

如果一個品牌下有若干產品，廠家可以規定集夠幾種產品的標誌才可享受一定金額的退款，以促進同一品牌不同產品的同步銷售。這適用於產品多元化且產品關聯度大的企業。例如，美國柯達公司規定：顧客除了購買該公司生產的照相機外，還要買 5 個柯達膠捲，才能得到 10 美元退款。操作程序是：顧客必須先買照相機，

把購買憑證寄到柯達公司，就可退款 5 美元；然後顧客再把 5 個膠捲的包裝盒蓋，用專用信封寄到柯達公司，就能得到另外 5 美元。

企業如果採用「購買同一品牌的不同產品享受退款優惠」，應首先檢查同一品牌下屬產品是否齊備，幾種產品是否具有極強的關聯度；如果把不相關的、消費者用不著的產品搭配在內，必將大大影響退款優惠的效果。同時還必須保證零售賣場內幾種產品的同步性，不能出現一種商品缺貨的現象。而且，此種退款優惠的購買商品數量，應限於 6 種以內。

4.購買不同品牌不同產品享受退款優惠

即將不同品牌不同產品合併在一起，消費者只要全部購買這幾種產品，就可以享受退款優惠。例如，只要購買某某牌速食麵和某某牌火腿腸，憑條碼或標誌物就可以獲得 20%的退款優惠。

將相關性商品並在一起提供退款優惠，這是產品促銷技巧中較常使用的一種。這種促銷方法可以降低參與企業的促銷成本。不同產品的搭配促銷要求產品具有相關性，或能滿足目標顧客群體的某方面需求。例如，如果把速食麵與麵粉搭配，則起不到退款優惠的作用。」

5.升級式退款

這種辦法適用於隨著顧客購買量的增加，退款金額不是均勻增加，而是購買量越多退款的額度越高，但要求購買的數量會相對降低。例如，美國有一家果汁經銷店規定：以購買 3 瓶果汁為最低底限，顧客買 3 瓶退 50 美分，買 5 瓶退 1 美元，買 10 瓶退 2.5 美元。這種辦法能刺激顧客擴大購買量，適用於促銷單價低、使用期短、購買頻率高的日常生活消費品。

四、退款的操作要點

1.促銷費用的預算

在促銷活動之前，企業應該儘量精準地做出促銷費用的預算。退款的費用主要由以下幾種費用構成：

(1)給予消費者回贈的費用

這是促銷效果的決定因素，退款越高，效果當然越好。例如可以根據收回標籤的數目或購買某品牌的單位數目提供不同的退款金額；可以根據所購產品的價值、一組價格或基於其他的不同金額而制訂退款的條件。一般來說，回贈至少應達到產品售價的 20%，越是競爭激烈的市場，知名度越差的品牌，回贈比率應越高。但是退款費用過高了，可能促銷帶來的收益還不足以抵消促銷的費用，這樣就得不償失了。

(2)廣告宣傳的費用

由於「退款」對消費者即刻行動的刺激力不大，因此企業應特別注重在消費者購買時所接觸的媒介投入宣傳廣告。這一點上應注意媒介的選擇，據抽樣調查顯示：

①通過印刷媒體（如報紙、雜誌）作宣傳，消費者的參與率是 0.5%；

②通過售點廣告作宣傳，消費者的參與率為 2.5%；

③在促銷商品的包裝上做廣告，消費者的參與率能達到 3.8%；

④如果把大眾傳媒廣告（如電視廣告）和零售商售點廣告組合運用，消費者的參與率可達 12%左右。

(3)退款憑證的印製費用

廠商除了需將促銷期產品與非促銷期產品加以區分，還需印製有特殊標識的退款憑證。

退款憑證的內容通常由以下三種證明材料中的一種、兩種或三種組成：購物證明物，如包裝袋、瓶蓋、商品標籤、拉環或商品包裝物等上面的某一部分；售貨發票或現金收據的影本或原件；退款申請卡。

退款申請卡上，通常有以下內容：

①顧客的姓名、地址、郵遞區號、電話號碼等個人資料；

②說明對什麼商品實行退款銷售、要求提交的購物憑證和數量、退款的金額或提供其他形式的退款；

③廠家或商家的通信地址，使顧客知道把購物憑證、退款申請卡寄往何處；

④開展退款活動的起止日期；

⑤顧客參加這一活動的限制條件，如顧客不准出售、複製、轉手交換退款憑證、顧客只准以家庭爲單位參加退款活動、不准多個家庭聯合起來積累購物憑證以索取退款等。

(4)回件處理費用

處理消費者寄來的回贈憑證，安排資料整理、兌付回贈等費用開支。

(5)其他手續費用

①活動中動用的輔助人力與處理費用開支；

②爲回贈活動設立一個專門的郵政信箱費用開支；

③檢查消費者回寄的資料是否真實有效的費用開支；

④向消費者匯款的郵寄費用和公證處的公證費用開支；

⑤接受消費者的諮詢與投訴的費用開支；

⑥活動效果的追蹤費用等開支。

2.活動時間

退款活動時間的長短會影響到消費者參與率的高低，對實施效果有著非常大的影響。活動時間太短，消費者很難在規定的時間裏

積累到規定數量的購物憑證，就會影響消費者的積極性，甚至乾脆不參加。活動時間太長，消費者沒有購物的緊迫感，企業就難以收到明顯的促銷效果。所以，活動時間要適宜。

除此之外，廣告媒體傳播信息速度的快慢，及特別包裝的促銷產品的出貨速度都在活動時間長短的考慮範圍之內。

一般活動時間的設計如下：

(1)通過促銷產品包裝推廣活動，大概需要 1 年；

(2)通過零售商的售點廣告，則為 6 個月；

(3)使用大眾傳播媒介傳達活動訊息，則活動時間為 3 個月較好。

3.消費者參與率

消費者參與率偏低是退款活動的主要缺點，要解決這一問題，可通過以下 4 種方式：

(1)適當提高退款的額度。

(2)加大廣告宣傳力度。

(3)適當減少消費者提交的購物憑證數量。美國的尼爾森促銷顧問公司在調查中發現，要求顧客提交 3 個購物憑證是最常見的做法。如果超過 3 個，顧客的參與率會明顯降低。

(4)確定合理的時間跨度。

4.回件處理工作

通常需要成立一個專門的促銷團隊或委託專業的促銷公司來進行回件處理工作。具體工作有：為退款活動設立一個專門的郵政信箱；開立一個專門的銀行帳戶；檢查顧客寄來的退款憑證是否真實有效；向顧客匯款；向主辦單位的管理機關提供退款活動進展情況的工作報告；處理顧客的投訴信件等。

促銷工具 ╲ 對策

退款運用得非常普遍，需要注意以下問題：

1.停用其他促銷方式

採用退款方式一般不適宜再用其他促銷手段，因為退款本來就是利用不同的優惠方式培養顧客的忠誠度，如果再用其他促銷方式來干擾，會起到相反的作用。

2.做好退款憑證鑑別

消費者很可能把早期（非促銷期間）所購的商品標誌也用來參加回贈促銷。所以，企業要採取適當的措施避免這樣的情況發生，如在促銷期間的商品上打上特殊標記或以產品生產日期來區分等。

3.簡化實施流程，提高兌換效率

一般來說，退款優惠具有時間跨度比較長、不能即時兌現、手續麻煩等特點，導致退款活動對消費者的吸引力不大。所以在具體的操作中，企業應儘量簡化退款優惠的手續，以提高兌換效率，從而提高退款優惠的參與率，提升促銷的效果。

另外，對企業而言，此種促銷方法投入較大，且見效慢，不易快速提高銷售量，在策劃退款優惠的促銷活動時應提出相應的對策。

促銷工具 ╲ 案例

2002 年秋，福特全新的 2002 都市電動車開始向全美一些指定的福特經銷商供貨。這是美國同類車中第一輛可以合法上路的全功能蓄電池電動汽車。為了鼓勵顧客購買，福特公司也採取了退款優惠的促銷策略。

活動規定：只要購買這一款的汽車，顧客可以獲得不同地區、

州和聯邦的退款優惠。紐約州可享受汽車全額的 10%（多達 5000 美元）的退款優惠，同時，顧客還可以憑藉證明獲得充電設備的退款。

　　由於此次退款活動退款費用高，再加上費用不菲的免費充電設備，對消費者造成了巨大的吸引力，眾多消費者前來購買這款都市電動車。在短短的兩個月，該車的銷售在紐約、威斯賈斯特縣、王后縣、普特南縣、拿梭、薩福克和羅克蘭縣取得了不俗的業績。福特全新電動車也借此機會打開了市場，並讓越來越多的顧客認識到這款車的優點：車身尺寸小巧，機動靈活，全長 2991mm，可以輕鬆的泊入擁擠的城市停車場。

17

回購促銷法

促銷工具　　介紹

　　隨著行業競爭的加劇，一般的促銷工具已經很難真正起到「促銷」的作用了，只有比競爭對手提供更大的優惠，促銷策略才有效果。因此，一些廠家推出了回購的猛藥。在回購過程中，消費者購買產品時，生產商向其承諾在將來某一時間（常常是 5 年）以同樣金額購回產品，或是以一個低於原價的價格購回產品。回購促銷主要運用於耐用消費品行業，如汽車、房地產等。

　　這一促銷策略對消費者非常具有吸引力，尤其是全額回購，其

優惠的程度幾乎讓消費者難以置信，對促進產品銷售的作用非常之大。

促銷工具 \ 疑難雜症

一、實施回購的依據

回購雖然看似對消費者有百利而無一害，而生產商則可能會遭受重大的損失。這種促銷方法是生產商深思熟慮的結果，其實行的依據有以下幾點：

1.回購期限一般較長，3年或5年後很多人可能已經忘記了向產商回售產品。

2.貨幣具有時間價值，由於通貨膨脹的存在，未來同等面額的貨幣價值會小於現在同等面額現金的價值，因時間而產生的產品價值差會被通貨膨脹沖抵。

3.參與回購活動的人得到好處後還會再購買，由此形成一個很好的市場。

4.企業很可能在企業資金緊缺時使用該促銷策略，此時，這種促銷方法相當於融資方法，既籌到了錢，解了燃眉之急，又銷售了部分產品，可謂一舉兩得。

二、回購的實施要點

1.確定合適的回購期限

回購期限越短，產品損耗越小，對廠家越有利，而且廠商能對未來較短期限內的通貨膨脹率及其他環境的變化做出比較準確的預測，據此制定的回購價格也更科學更合理，促銷成本、效益預算也

就越準確，有利於企業做出適當的決策。但是回購期限太短，優惠程度較小，消費者可能會因爲優惠小、手續麻煩而放棄參加促銷活動。所以回購期限的確定對購銷雙方都很重要，應在消費者優惠與促銷成本之間作一個平衡，確定一個成本與效益的最佳組合。

2.確定適當的回購價格

回購價格比回購期限更重要，對雙方的利益有著直接的影響。回購價格的確定受到產品特性、回購時間以及通貨膨脹率的影響。如折舊率均衡分佈的產品與前期折舊率大、後期折舊率小的產品相比，回購價格就不一樣，在回購時間相同的情況下，前者的回收價格大於後者。回購時間越短，回購價格應越高。如果回購期間通貨膨脹率較高，則回收價格可以相對高一些，通貨膨脹率低的時期，回收價格要低。

3.確定回購產品的條件限制

企業一般會對回購的產品做出一定的條件限制，如無重大損害等，具體指標要根據產品的特點來確定，而且應該非常的詳細、具體。這樣做有利於控制企業回購的成本，保護廠家的利益。

4.選擇適合的回購產品

對於小件的日常生活用品，回購對消費者的吸引力非常小，促銷作用有限，所以只有價值較高，而且使用後仍具備較高價值的產品才適合回購促銷。

促銷工具 　 對策

回購促銷的關鍵在於能否較爲準確地預算出促銷的成本與效益。準確地推算出回購促銷的成本與效益，企業需要較準確地掌握商品在企業規定的回購期限後的殘值、消費者的回售率、通貨膨脹率等因素。由於通貨膨脹率具有較大的不確定性，企業很難做出較

為準確的判斷，而且消費者的回售率也較難預測，因此回購促銷的實際效益很難準確判斷。如果回購的時間、回購價格設置不當，企業會遭受較大的損失。所以此種促銷方法實施具有一定的難度。

這種方法一般適宜在通貨膨脹率較高的時期使用，若是通貨膨脹率的水準相當低，運用此種方法時應謹慎行事。

促銷工具　案例

經銷商「永達汽車」力推保價回購促銷方案，主要措施是：凡用戶到永達集團購買任一車型，不僅可享受目前市場行情的優惠，同時在三年後，永達還承諾將以現行成交價 60%的價格，回購客戶的二手車（不含牌照）。

目前，消費者相當一部分人因為新車價格降價太頻繁而遲遲不敢出手，主要就是因為對車價的信任危機，此舉打消了一部分準備持幣待購但對產品芳心暗許的潛在消費者的持幣心理。

同樣，「永達」此次推出的保價回購，也在未來回購條件上設置了一些條款，比如三年內二手車行駛里程不超過13萬公里，基本的保養與維護必須指定進行，還有多達33項汽車檢測必須合格才能享受 65%的回購條件。並且目前只限部分產品，沒有針對其他產品而來。

18

捆綁促銷法

促銷工具　介紹

捆綁促銷是指兩家或多家有一定關聯的生產廠商把相關產品組合捆綁在一起，以優惠的價格進行售賣，雙方共同承擔成本，共同分享收益的促銷方式。「捆綁」不是傾銷，不是折價銷售，更不是有獎促銷，而是一種集促銷、銷售、宣傳等多種因素於一身的全新的促銷方式，目的是節省資源、提高關聯各企業的促銷效力。

捆綁促銷並不一定是實物的捆綁，不僅僅是將兩種產品實實在在的用膠帶或繩子捆綁在一起銷售，它也包括形式的捆綁，即購買甲產品的同時，必須購買或可優惠購買或贈送乙產品，這樣就將兩種產品的銷售情況聯繫起來了。

捆綁促銷方便了顧客的購買，滿足了顧客多方位的需求，使顧客得到更完善的服務，從而提高了產品的差異性和顧客的忠誠度。而且，通過與其他企業合作，有利於降低企業的促銷成本。此外，捆綁促銷還有利於提升企業的品牌形象。例如，強勢企業可以借助與其他企業的核心優勢互補，使自己的產品和服務更加完善，顧客滿意度進一步增加，品牌形象進一步優化。而弱勢企業可以通過與強勢企業的捆綁銷售，提高自身產品和品牌在消費者心中的知名度

和美譽度,從而提升企業形象和品牌形象。

促銷工具 　疑難雜症

一、捆綁促銷的適用範圍

1.兩種產品或服務具有互補性

捆綁促銷的產品或服務最好具有互補性。互補產品的關聯,使得顧客很容易把它們的形象聯繫在一起,綜合地而不是單獨地衡量它們的使用成本或功能。所以,產品或服務的互補性越強,顧客越有理由在購買一種產品時,購買另一種產品。例如,白葡萄酒和感恩節火雞的捆綁,酒店的客房與機票的捆綁。

2.兩種產品具有相同的消費者

各種產品的目標市場應有較大的交叉重疊性。例如,必勝客與Connector Set 玩具公司聯合 6 週促銷,為 6～12 歲購買兒童比薩套餐的孩子提供免費「終極航空」的玩具(4 件套 K'NEX 組裝模型)。如果捆綁產品的消費群體是不同的,那麼只有當這些不同的消費者同時購買捆綁產品時,各企業達成利益均攤的協議才有可能實現。

3.兩種產品具有相同的消費時機

捆綁銷售的兩種產品使用時機一致,如酒店或零售商與信用卡企業捆綁促銷,在酒店或商場使用特定的信用卡消費,便可獲得折扣優惠或贈品等。這種情況下對促進兩種產品的銷售都大有裨益。

4.兩種產品具有相同的購買地點

捆綁的兩種品牌在同一地點獲得,比如雜貨店有時提供機會:顧客在一段時間內購買一定量商品,可以低價購買一套餐具。

5.兩種產品具有相同的主題

捆綁的兩種品牌服務於相同的主題,從而增加了注意力和紀念

性。1994 年夏，以費城爲基地的 Wawa 食品超市與福特汽車公司共同慶祝 30 週年紀念，它們展開了「野馬放送」的抽獎活動。一個月中，Wawa 超市每天抽取一名幸運者，贈與福特的野馬汽車，爲了增加興奮點和紀念意義，每日贈送的野馬都是不同年份的典型代表車型。

6.兩種產品具有相同的購買緣由

一種越來越流行的形式是公司承諾將銷售額中的一部分捐贈給顧客關注的群體或慈善機構。這類捆綁雖不會帶來即時的利潤，但可以給公司良好的聲譽，從而受到其目標消費群的喜愛。例如，在 1994 年冬季奧運會期間，萬維卡承諾隨著顧客使用的增多，它們對冬奧會的捐款將增加一倍。同年，納斯比克食品公司推出「爲了青年棒球隊而購買球棒」的活動，棒球隊憑著納斯比克食品公司的優惠標誌可以贏得運動器材，通過這一活動，南加州的許多雜貨商捐助了相當於銷售額的 6%。

只要促銷者有足夠的創造力，捆綁的花樣和翻新還會更具潛力。捆綁活動的組織者由於多方的參加，因此比其他的促銷方式需要更多的合作和默契。

二、捆綁促銷的實施要點

1.選擇適當的捆綁時機

對於處於快速成長和暢銷狀態的產品，它不存在促銷困難，因而捆綁的含義是有限的。只有當產品處於結構變革和競爭激烈的市場時期，採取捆綁促銷模式才有利於增強競爭力，實現捆綁各方的「共贏」。

2.選擇品牌形象一致的合作夥伴

捆綁的兩種產品應具有一致的品牌形象，不要互相衝突。一個

形象前衛的品牌不要和古典風範的產品綁在一起；高檔產品應避免和低品質的產品捆綁。

3.價格定位必須具有同一性

處於特定社會階層中的人，具有特定的行為標準和價值觀，因此在一定程度上，他們的購買需要層次是相同或相近的。所以，進行捆綁促銷的各種產品的價格定位應能滿足這個層次的消費者需求。

4.明確各方核心優勢和資源

企業只有在某些方面擁有核心優勢，才能成為聯合捆綁的對象。而且，各方的資源互補性和共用優勢越強，其結成共生關係的促銷效力就越大。

5.選擇各方合適的捆綁產品

在捆綁促銷中不能選擇彼此競爭的替代性產品，而要選擇那些互補性較強的產品。在某些情況下也可以選擇彼此獨立的產品。

6.瞭解和重視合作方的資信和誠意

這是捆綁促銷非常重要的一個方面，是各方良好合作的基礎，捆綁意味著一榮俱榮、一損俱損。所以，良好的企業信譽和真心實意的合作才能彌補某些方面的不足，彼此欺詐則只能使捆綁各方一起受到損失。

7.估算實施方案

只有在實施捆綁促銷的額外收益大於額外的成本時，捆綁促銷方案才是可行的。因此，企業在詳細估算捆綁聯合需要付出額外的成本費用時要考慮到預期的收益。

促銷工具 \ 對策

捆綁促銷的關鍵在於捆綁商品以及合作企業的選擇，一定要選擇能促進本產品銷售或提高本產品品牌價值的產品或企業，否則捆綁促銷就失去了意義。另外需要注意的是，在進行產品的實物捆綁時，促銷還多出了一項額外的包裝成本，而且企業還要和零售商協商，讓他們加列商品名錄，加存捆綁包裝的存貨。如若捆綁的商品不利於商場貨架陳列，此項促銷可能遭到商場的拒絕。

促銷工具 \ 案例

1994 年，CoreStates 金融公司與迪士尼豪華遊進行捆綁促銷。在該銀行開戶的顧客可以在定購迪士尼家庭旅遊票時免費獲得兩張兒童票，部分顧客同時獲得 CoreStates 贈送的大號沙灘浴巾和價值 10 美元的迪士尼商品，以及 CoreStates 的儲蓄卡。

銀行將促銷的廣告與銀行月報一起，通過郵件寄給了 300 萬信用卡使用者，同時在報紙、廣播和當地印刷品上推出廣告。在促銷活動中，50000 多名顧客使用了旅遊贈券，42000 人在銀行新開戶，超過目標的 320%。

19

POP 促銷

促銷工具 　介紹

隨著社會的進步，低成本、有效、直接的 POP 在商場中適應了人們追求購物的樂趣和享受的趨勢，已從次要地位上升為主要地位，並已成為現代開放式賣場的主要促銷手段。今天，POP 已經成為一件非常普遍的事了。稍微大型一點的商品，都有 POP 的存在和運用。POP 就是指售點廣告，又叫買點廣告，即在有利的時間於零售賣場內外（百貨公司、購物中心、商場、超市、便利店）所做的現場廣告的總稱。其目的是宣傳商品，吸引顧客、引導顧客瞭解商品內容或商業性事件，從而誘導顧客產生參與動機及購買慾望，是一種非常重要的現場促銷工具。

促銷工具 　疑難雜症

一、POP 促銷的優點

POP 是在一般廣告形式的基礎上發展起來的一種新型的商業廣告形式。與一般的廣告相比，其特點主要體現在廣告展示的方式、

地點和時間等方面。由於產品性質的不同及賣場風格、銷售環境的差異，導致 POP 在應用時變化迥異，風格各異。儘管如此，當規劃併發展出一套有效的 POP 物時，仍有一些通則和脈絡可循。

對於零售賣場而言，POP 是應用最廣泛的促銷工具，也是最爲直接、最爲有效的廣告手段，它具有以下幾點優點：

1.視覺效果強

隨著審美觀念的轉變，越來越多的消費者對音樂、色彩、形狀、文字、圖案等視覺效果表現出濃厚的興趣。POP 能夠充分利用銷售場所的空間，並利用多姿多彩的顏色、形狀各異的立體圖案、光線和照明等環境狀況，配合所陳列的商品的大小和展示情況，加強廣告宣傳的效果，提高消費者的視覺注意力，激發消費者的興趣愛好，從而引起衝動購買。

2.形式多樣，方式靈活

一般來說，凡是在購買場所、賣場週圍、入口、內部以及陳列或放置商品的場所提供的關於商品和服務信息的廣告，小到商場入口處張貼的商品宣傳畫，大到商場外面搭建的各種商品模型，都屬於 POP。越來越多的零售企業已經懂得利用各種 POP 形式來開展靈活多樣的廣告宣傳和促銷。

3.能對產品進行補充性宣傳

POP 的任務主要在於簡明扼要地介紹商品的特性，諸如告知商品的陳列地點、新商品、推薦商品、特價品等，可以代替推銷員將商品的特性、說明傳達給顧客，有效地吸引消費者對所強調的商品或服務加以更多的注意，以促進銷售。尤其是在沒有店員可提供說明的超級市場之類場所，POP 發揮了不可忽視的促銷作用。

4.即時提醒消費者購物

由於 POP 設在消費者購物的現場或週圍，因而其即時提醒消費者購買的作用更加明顯。而且由於 POP 可提供給消費者很多商品或

服務訊息，消費者因買點促銷的運用，得以比較各種品牌的差異，做出自己的選擇。

5.活躍賣場氣氛

POP 可以美化店堂、改善購物環境、提高商品陳列的藝術水準，可以為銷售現場製造熱烈的銷售氣氛，鼓舞消費者的情緒，激發消費者的購買慾望，從而達到提升銷售額的目的。對廠商來說，由於媒體價格日益增加，媒體廣告的運用受到限制，POP 促銷法就更為重要了。由於 POP 廣告是消費者決定購買之前最後接觸的媒介物，因此，一套強有力的 POP 廣告足以轉變消費者的購買決策。而且，就廠商的費用來看，POP 可說是最省錢的廣告媒體了，其主要支出只有製作費。

二、POP 的適用原則

由 POP 可以看出賣場經營者的態度。有的賣場做了許多的 POP，店內顯得朝氣蓬勃；相反，有一些賣場根本就看不見 POP，店內也顯得死氣沉沉。可口可樂公司曾對分銷系統中的商品提出店頭活性化要求，即通過展示、陳列、POP，使得賣場充滿吸引人的魅力。不過，POP 的使用也是要看場所的，適當的使用場所會強化 POP 的效果，不當的場所只會造成物極必反的效果。

POP 主要適用於佈置在以下場所：

1.本產品擺在不顯眼的位置的零售賣場內；

2.在有本產品 POP 但已陳舊或無本產品 POP 的零售賣場內；

3.在有空牆可供張貼 POP 的零售賣場內。

POP 的大量張貼和運用可起到造勢的作用，一般可提升 25%的銷售量。

三、POP 的設計技巧

POP 的運用能否成功，關鍵在於廣告畫面的設計能否簡潔鮮明地傳達信息，塑造優美的形象，使之富於動人的感染力。

作為直接溝通顧客和商品的小型廣告，POP 的設計技巧在於：

1.分析賣場環境和消費者心理

這是設計 POP 時必須要重視的環節。研究和分析消費者的購買心理和消費心態的變化，以及特定賣場與商品的性質，是設計 POP 的基本要素。

2.強調現場廣告效果

由於 POP 具有直接促銷的作用，所以必須特別注重現場廣告的心理攻勢，設計者應著力於研究購物環境與商品的性質以及顧客的需求和心理，以求有的放矢地表現最能打動顧客的內容。應根據所經營商品的特色，如經營檔次、知名度、各種服務狀況以及消費者的心理特徵與購買習慣，有針對性地、簡明扼要地表示出商品的益處、優點、特點等內容，力求設計出最能打動消費者的廣告。

3.造型簡練，設計醒目

POP 的造型設計應儘量簡潔生動，畫面設計應醒目，版面設計應突出而搶眼，重點鮮明，有美感，有特色，和諧而統一，讓顧客在 3 秒鐘之內對活動的時間、地點一目了然，對活動產生興趣，並有深入瞭解的渴望。但要注意寫清楚限制條件，如買x送x、限量銷售、售完為止、xx號之前有效等，以避免消費者誤解。

4.運用顧客喜歡的語句

如「現在購買只要 80 元」就不如「現在購買省 10 元」更有衝擊力，更能令顧客產生共鳴。因為前者是要你「掏錢買」，而後一句則是「幫你省」，在心理感覺上就不一樣，當然接受效果也會有差別。

有的產品打出的特價 POP 上寫著「清倉大拍賣」、「特價處理」、「大出血」等給人不良印象的字眼，這給人一種廉價處理商品的低檔品牌印象。因此，即使是特價，也應儘量使用「特別優惠價」、「商品特價」、「讓利酬賓」等給人較好印象的字眼。

5.強調個性

POP 的設計總體要求就是獨特，即要具有鮮明的個性。POP 不論何種形式，都必須新穎獨特，能夠很快地引起顧客的注意，激發他們「想瞭解」、「想購買」的慾望。但同時還要與企業的形象相符合，要從企業和商品的主體出發，站在廣告活動的立場上全盤考慮。

6.加強賣場整體形象

POP 並非像節日點綴一樣越熱鬧越好，而應視之為構成賣場形象的一部分，故其設計與陳列應從加強賣場形象的總體出發，加強和渲染賣場的藝術氣氛。

7.增加立體感

從廣告造型的角度看，POP 與一般廣告一樣，包括文字、圖形和色彩三大平面廣告構成要素。但是，由於 POP 的特殊方式和地點，從視覺的角度出發，為了適應商場內顧客的流動視線，POP 多以立體的方式出現，所以在平面廣告造型基礎上，還得增加立體造型的因素。

8.以形象為主導的造型設計

POP 的最終目的是把商品賣出去，所以常見的以價格為主導的POP，會由於長時間的過度刺激而失去功效，必須以形象為主導，使其置於琳琅滿目的各種商品之中而不致被忽略且又不顯得花哨低俗。

促銷工具　對策

最近幾年來，由於自選商場、超市的廣泛流行，使得可提供顧客產品訊息、售價的 POP 日益受重視。許多實例證明，POP 對行動式購買行為的影響日益重要，可喚起消費者採取行動購買未列入購物單的商品。

POP 促銷雖是理想的促銷方式，但仍有不足之處。所以在操作 POP 時，要注意以下幾點：

1.要考慮成本

POP 設計既要創意獨特，提供足夠的、讓顧客決定購買的信息，能達到促銷的目的；又要兼顧降低製作成本的原則，實現以最少成本獲得最大的廣告實效。

2.要考慮是否與賣場經營方針相切合

廠商設計 POP 時，還要考慮零售商的經營方針，若廠商精心製作的 POP 物未被零售商充分利用或根本未用而束之高閣的話，就等於白白浪費了促銷費用。因此，與零售商的經營特色相結合為宜。

3.不可過度使用

POP 能有效激發顧客的購買意願，但切記不可過度使用；否則，會適得其反。從消費者立場來看，POP 在店面過度地濫用會使得他們不知所以，會迷失方向，得不到他們想要的商品和信息。從零售商立場來看，由於廠商提供的 POP 物都是從各自角度出發的，如果安置得不好，就可能使店面顯得毫無特色，甚至雜亂無章。

4.注意產品的消費對象

POP 訴求對象的觸及面也很有限，主要為常逛店的主婦型消費者，因此當商品的目標消費者為一些兒童、老人或男士們時，效果就不太理想。

促銷工具　　案例

幾乎每一天，家樂福的賣場都充斥著宣傳促銷活動的 POP，而這些 POP 的製作與設計，也力求創意突出、造型美觀、配色勻稱以及懸掛地點適當。

事實上，家樂福充分利用店內 POP、堆頭陳列等方法營造商品價格低廉的賣場氣氛，幾乎到了「草木皆兵」的地步。每一個家樂福的賣場內都貼有不同顏色的 POP 標誌，顯示某種商品以特價出售；櫃檯上放置的促銷標籤、賣場內的懸掛式招牌、氣球等，足以喚起顧客的購買慾望。即使本來並不想購買某種物品的顧客，基於人皆有之的「貪便宜」心態，也會認為是天賜良機，於是便可能大量購買。另外，家樂福每天以同樣的模式傳播同樣的信息，這種大規模的廣告轟炸，使物美價廉的形象在顧客心中根深蒂固。

單從家樂福各式各樣的產品促銷標籤上就能看出家樂福 POP 的精彩程度：

1. 驚爆低價——棒！

「棒！」促銷標籤的設計極具視覺衝擊力，畫面中以紅色三角為背景，凸現出「棒！」字標示，並在紅色三角的上方寫著宣傳口號「驚爆低價！」。在家樂福各門店，有這一標籤的商品是全類商品中的最低價，是家樂福通過自己的採購系統向廠商直接採購的商品。它將節省下來的廣告費、包裝費等都返回到顧客的身上，使顧客成為實實在在的受惠者。

2. 清倉折扣

標籤的底色為藍色，其上以紅色大體字顯示著「清倉——折」。賣場中出現這一標籤，代表家樂福會以不可思議的低價將部分換季產品折讓給顧客。

3. 天天低價

標籤在紅色的背景下，密密麻麻地分佈著「天天」的字樣，然後以大體字重點突出「低」字。通常「低」商品都是日常生活不可缺少的商品，是家樂福每天都以經常性的低價出售的商品。

4. 震撼價

標籤以紅、藍、黃三色為背景，以陰影字的形式突出「震撼價」三字。通常有「震撼價」標籤的商品在家樂福都有著極富震撼力的折扣和價格。

5. 特價（僅限 3 天）

每個商品部門都有這樣的標誌，它的促銷有效期只有 3 天。

6. 推薦商品

標籤以草綠色為背景，畫著一黃色的對號，並在對號的內側，斜斜地寫著「推薦商品！」，帶有這一促銷標籤的商品是家樂福的本店員工以專業眼光推薦的市場表現突出的產品，品質可靠、性能優越。一般而言，它的促銷有效期為 10 天。

7. 廣告商品

在這個標識附近都是廣告宣傳單、報紙及其他媒體登載的促銷商品。廣告商品的標籤以鮮黃色和深藍色為主色調，鮮黃色背景下，斜放著一深藍色的小鐵牌，其上顯示著「廣告商品」。

8. 進口產品

進口產品是指家樂福特有的富有異域情調的世界各地商品。標籤的畫面以旋轉的地球為背景，分別顯示著「Imported Product」和「進口產品」。

9. 新裝上市

新裝上市代表的是在家樂福賣場最新上架的新款服裝。標籤以深紫色為背景，上方是鮮黃色的漢字「新裝上市」，中下方重疊著橘黃色的「NEW」和淺紫色藝術化的「ARRIVAL」。

10.新產品

新產品的促銷標籤設計得極其簡單，畫面分兩層，呈現出立體效果來。其中，底層英文「New」，並將首個字母「N」做了誇大處理；上層則將「新產品」三字進行扁化處理，給人一種清新、可愛的感覺。這一標籤用於最新上架新品的促銷活動。

11.地方特色

地方特色產品即具有地方色彩的本省和地方產品。地方特色產品的促銷標籤被設計得古色古香：畫面呈現的是一幅夜晚的水中倒影，深藍色的夜空倒映在水中，顯得格外遼闊；畫面左上角是月亮的倒影，右邊則是古亭的一角，古亭的飛簷和金黃色的圓月互相輝映，呈現出濃濃的古典氣息。

12. HARMONILE

HARMONILE 代表家樂福推出的自有品牌產品。標籤的畫面以深紅色為背景，上方是藝術化的「A」字，其下分別是手寫體的「HARMONILE」和家樂福的法文名稱。

另外，家樂福還有三色價簽為顧客「導購」，家樂福的價簽和基座的底版顏色有三種：黃、藍、白。這三種顏色分別代表著：流行品牌商品、家樂福自有品牌商品、「棒」商品。

這些 POP 的使用，不僅使家樂福的賣場更加色彩繽紛，熱鬧非凡，形成了「開心購物」的賣場氣氛，另外還起到了很好的促銷作用，增加了顧客的購買量。

20

產品動態展示會

促銷工具 ＼ 介紹

　　產品動態展示會又稱「路演促銷」，路演促銷，是指企業在路邊搭建舞臺，通過表演、抽獎等形式來吸引觀眾，然後通過有獎問答、打折銷售、贈送禮品等方式來達到宣傳產品的目的。今天，路演促銷已經被眾多企業所廣泛採用。

　　路演促銷能將產品的特點融入表演和展示當中，有效地、活性地傳遞產品信息，從而取得良好的宣傳效果。路演促銷能夠在短時間內聚焦人群，製造轟動效果，引起目標顧客的密切關注，同時，成功的演出，還可形成良好的口碑傳播。而且，路演促銷可以深入到每一個社區，並可以達到以點帶面，帶動一個區域市場的目的。此外，相對於媒體大眾來說，路演促銷的投入較小，而且見效快，非常適合中小企業操作運作。

一、路演促銷的策劃和準備工作

路演策劃是一項比較系統、複雜的促銷活動，所以必須事先做好路演促銷活動的策劃和前期準備工作，這兩項工作對路演促銷活動效果的好壞有著決定性的影響。

1.確定與企業品牌形象一致的活動主題

路演促銷的設計要有利於品牌的傳播、有利於產品的推廣。活動主題是路演促銷的靈魂，路演促銷要根據品牌和產品的特點確定一個鮮明的主題，這樣讓消費者對演出活動有一個清晰的概念，同時也容易對品牌產生正面的聯想，進而記住這一品牌。

2.準備好演出和促銷道具

演出和促銷道具是很好的宣傳工具和展示品牌形象的媒介，因此，道具的製作要專業，要符合企業 CI 要求。

一般來說，演出和促銷道具、物品有如下幾種：

(1)活動舞臺

最好設計 10x6 平方米大小的舞臺，高度為 1.2 米左右，這樣的舞臺比較有氣勢。舞臺可以採取積木的形式或者鋼架結構（上面鋪木板），方便運輸和搭建，但一定要牢固，以免發生意外。舞臺要平整，並鋪上地毯。活動舞臺還可以用專門的卡車後車箱改造而成，非常方便。

(2)背景布或背景板

舞臺的後面要掛背景布或背景板，上面註明活動的主題和主辦企業，突出品牌，最好用噴繪材料製作，既牢固又易於表現色彩。

109

⑶可製造氣氛的道具

主要包括充氣拱門、升空氣球、卡通氣模、喊話器、遊戲道具、專業音響、碟片和大螢幕的電視機等。

⑷演出道具

主要包括舞臺燈光(便於夜間開展)、演員的服裝和節目所需的道具。

⑸促銷展示台

供放陳列產品、贈品、宣傳品和其他小工具,以及用作產品演示。

⑹宣傳物料

主要包括展板、展旗、橫幅、POP、產品宣傳單、抽獎券、折頁、手冊、折疊式展架、雨陽蓬和大太陽傘等。

⑺產品演示用的道具

根據不同的產品和所突出的功能特點來確定,如奶粉生產企業就需要準備飲水機、一次性紙杯等。

⑻工具包

備用的小件工具,如插線板、筆、錘子、螺絲刀、不乾膠和封口膠等。

⑼樣品和小禮品

如產品樣品、小袋樣品及促銷用的贈品、禮品盒等。

⑽運輸和交通工具

巡迴路演促銷需要配備一輛旅行車和一輛貨車(或者配備一輛雙排座貨車),並對車輛進行改造和包裝,統一形象,車輛還可以是工作人員的臨時休息室和演員的更衣室。

3.組建訓練有素的演出與促銷隊伍

擁有一支訓練有素的演出和促銷隊伍是路演促銷成功的關鍵因素之一。

⑴演員隊伍

路演促銷的目的在於吸引人氣，創造氣氛，因此對演出內容和品質不要求特別專業和高難度，演出陣容也無需龐大。一般來說，8～10人左右的演員隊伍就能保證一場正常的演出，關鍵是要求演員的基本素質相對全面一些，能基本勝任一般的歌舞節目，最好一個人能表演多個節目。

路演促銷演出隊伍一般都是企業的外聘人員，如果有需要可以與這些表演人員長期合作。

⑵主持人

主持人是路演促銷演出成功的關鍵人物，因此對於主持人的要求比較高。首先主持人要具備較好的音色、口才和形象；其次要能激起現場的氣氛並具備相當的應變能力，以應付突發事件；最後主持人應對企業和產品十分熟悉和瞭解。這樣在路演現場才既能夠帶動活動氣氛，又能促進產品銷售。

⑶促銷隊伍

促銷隊伍最好由企業優秀的促銷人員組成，這樣促銷隊伍會更加專業，開展工作也更加得心應手。若考慮費用的因素，也可臨時招聘，但一定要進行工作上崗前培訓。最好選擇性格比較外向的、不怕挫折的、有感染力的。在銷售現場需要不停地對消費者重複產品功能、產品的優勢，打動消費者進行現場購買。

4.設計與編排好節目

⑴節目要大眾化

由於路演促銷面對的是普通觀眾，最好是安排大眾化的節目，讓人容易看懂，甚至可以有針對性地安排一些喜聞樂見的節目，更受觀眾的喜歡，但不可太俗，否則有損企業的形象。

⑵節目設計要有針對性

節目的內容要符合主要目標消費群體的愛好或審美取向。如針

對年輕人的節目則可以輕鬆、活潑、時尚、流行一些，針對中老年人的表演則應該懷舊、傳統一些，可安排一些老歌或傳統節目。

(3)節目設計要具有知識性與互動性

路演促銷重在宣傳，所以在促銷的過程中一定要將產品的相關知識融入到促銷中來，但產品及企業相關知識要比較淺顯，不能太深奧。觀眾的參與率是路演促銷成敗的重要評判標準，所以路演促銷要注重現場的趣味性和互動性，要能為觀眾帶來快樂，不能過於呆板，這樣才能吸引人群注意力。

(4)路演促銷的節目要具有創新性

由於路演促銷開展的長期性和連續性，而且現在開展路演促銷的廠家也很多，競爭激烈，因此無論表演形式，還是製造氣氛的手法均要創新，否則，總是一些老套路的歌舞文藝表演，最終無法引起消費者的興趣。創新最好的辦法就是不斷推出新的促銷主題，用不同的促銷主題不斷為路演促銷帶來新意。

除了傳統的歌舞表演，結合產品的特點還可選擇諸如：廣場音樂會、明星見面會、舞會、高雅藝術表演、圖片展示、主題展覽、街舞、四人足球賽、運動滑板、極限運動和街頭搖滾樂隊等形式。

(5)主持人的臺詞設計

主持人既要巧妙地宣傳產品和品牌，又要讓觀眾容易接受，語言也要有一定的幽默感，能激起現場的氣氛。主持人要充分利用各種機會來解答產品知識，例如，觀眾答對了一個問題，不要馬上給他獎品，讓他再把答案重複一遍，然後問他是如何知道答案的，加強觀眾對產品知識的記憶；若觀眾答得不全面或錯誤，主持人則應該說出正確答案。這樣反復問答，讓消費者記住產品知識。

5.做好組織和分工工作

路演促銷的組織工作要求十分細緻，如演出場地的選擇和聯繫、演出時間的確定、促銷活動的準備以及到當地職能部門辦理相

關的手續等。同時為了保證準備工作做得扎實，在演出前要做好分工協調、物品清點和節目預演等工作。

各項工作都要責任到人，工作一定要做得細緻，同時認真及時地總結經驗教訓，並整理成文，形成規範的路演促銷流程和制度。

6.預備好突發事件的應急措施

由於路演促銷是在場外進行，受很多客觀因素的制約，如天氣的變化、突然停電、現場有人鬧事和惡意投訴，以及受到職能部門的無理干預等。所以，路演促銷活動的組織者要有發生突發事件的準備，並事先制訂好一整套應對突發事件的應急措施，而且事件一旦發生，活動組織者需尋求當地的經銷商、零售商以及其他途徑協助解決。

二、路演促銷的實施步驟

路演促銷是一項嚴密的系統工程，各環節要協調、配合好。具體來說，路演促銷的實施步驟如下：

1.檢查和落實準備工作

由於路演促銷是戶外活動，需要週密的計畫與準備，不可馬虎大意。路演促銷活動實施前，策劃班子要派人與當地分支機構一起，進一步檢查和落實準備工作：

(1)正式確定好場地和時間：場地一定要開闊，便於開展活動；時間選擇在週末、節假日或者晚上比較合適，當地居民發工資後的幾天也是很好的時機；

(2)做好相關人員的培訓，合理分工，協調與配合；

(3)做好流程的安排，人員管理，物品管理，禮品發放辦法，安全事項等工作。

2.前期造勢，發佈信息

消費者對促銷現象已經習以為常，表現也越來越被動，給促銷信息的傳播帶來一定的障礙。因此，企業必須更主動地傳播促銷信息，在演出活動前一週就要通過各種有效的形式進行前期的炒作和造勢。

宣傳造勢的方法有：

(1)大眾媒體的宣傳

如果是大型路演促銷活動，可以通過在當地廣播、電視臺和報紙以多種形式發佈相關的軟性廣告和活動信息，也可以通過過街橫幅等戶外廣告來告知消費者活動信息。

(2)售點廣告的宣傳

通過所在超市的 DM、現場的 POP 海報和橫幅，以及導購人員口頭推薦、活動海報和分發的活動宣傳折頁來發佈路演促銷信息。

(3)宣傳單的派發

在交通要道、人群集中地、活動現場週圍派發宣傳單，或者組織人力對重點社區投遞宣傳單和張貼海報。

(4)製作產品氣模

請人穿上產品氣模在活動週圍四處遊動，吸引人群。某品牌牛奶公司在路演活動就曾經請了兩頭「奶牛」，大大聚集了活動現場的人氣。

3.現場佈置，合理分工

一般來說，路演促銷的現場可分為接待區、舞臺演出區、產品展示促銷區、宣傳區和領獎物料區，各個區域間要整體協作、井然有序。

活動現場的佈置必須有吸引力，盡可能用氣球、彩帶、音響來提高現場氣氛，如果所推廣的產品外包裝比較耀眼，也可將包裝拼起來美化現場或直接製作一個大型包裝。

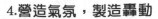

4.營造氣氛，製造轟動

火爆熱烈的現場氣氛是第一促銷力和宣傳力。活動現場的設計和佈置要有足夠的視覺吸引力，現場可擺放展板、懸掛橫幅、鼓起拱門、架起易拉寶以及張貼海報等等，凡是可以利用的空間都要利用上。同時，要注意現場的整體美觀，讓人一進入現場就被現場的氣氛所感染。但注意不要違反規定和市容的法規，否則容易被「拆臺」。

三、路演促銷的實施要點

1.策劃案一定做細緻、做週全

一個完整的、可執行的策劃案要考慮到所有可能發生的情況，從路演的目的、形式、風格到物料的準備、擺放，再到舞臺的搭建、演員的活動、人員的分工、產品的擺放等等。要考慮到所有的細節，細節做好了，整個路演就會按照你的預想進行而不至於出現意外。

2.突出宣傳產品

路演促銷的目的在於宣傳產品知識，建立消費者對產品的良好印象，所以在路演促銷的過程中必須要堅持一個原則，始終要把產品放在第一位。路演促銷要重視產品與消費者之間的溝通，只有這樣，才有可能真正達成促銷和宣傳產品的目的。路演促銷應該更注重實效，而不是一味追求轟動效果。

3.選擇有利的位置

有利的促銷位置是消費者「人氣」最易聚集的地方，對銷售的影響很大，促銷地點之間的距離那怕僅一步之遙，銷售結局卻大相徑庭。要選擇目標顧客集中的中心地帶和離目標顧客最近的地方，對於快速消費品來說，大中型超市、中高檔社區、公園、遊樂場和城市中心廣場都是比較理想的演出場所。

4.選擇合適的促銷時間

這裏需要注意兩個問題：一是該時段是否有足夠的客流量，過少的客流量不可能達到滿意的促銷目標；二是該時段與促銷的產品是否對應，對消費者來說，日用消費品並不適合反季節促銷，淡季促銷是對資源的無效利用，也是對時間的浪費。

5.將產品宣傳融入到路演中

平衡好表演和產品宣傳的比例，熟悉產品特性，掌握產品的品牌定位，把握好宣傳的時機，和目標消費者進行有效溝通。為了拉動現場銷售，還要掌握好產品贈送、產品優惠等重要的促銷環節。

6.現場總指揮把控全局

沒有領頭雁，雁群就失去了方向。現場總指揮的職責就是做好各方的通聯，做好整個路演活動的把控。人員選擇最好是對企業產品和策劃方案都比較熟悉的人。一方面能夠按照策劃案的程序有條不紊地執行，另一方面可以對整個促銷產品線的擺放加以總體規劃，人員的安排各司其職，消費者的提問給予正確的解答。

7.進行整合的終端運作

將演出隊伍、促銷隊伍、業務員隊伍和經銷商隊伍有機地整合起來，進行整合的地面運作，強力啟動終端銷售。

演出隊伍要製造出轟動的聲勢，引起目標顧客的關注；促銷隊伍應針對現場的人群展開促銷推廣；業務員隊伍要協同經銷商展開全面的鋪市行動，佔領更多的有效零售終端，做好當地市場的終端宣傳，並適時開發出二批和分銷商，建立起更完善的管道體系；而經銷商隊伍就做好配送服務等工作。

促銷工具　對策

路演促銷是一種比較理想的推廣方法，尤其是在中小城市，這種方法更有效。但是在採用這種促銷方式時要注意這樣幾個問題：

1.路演促銷最好是巡迴、持續地開展。

2.由於促銷的策劃執行者、從業者長時間從事現場促銷活動，對促銷活動所產生的慣性，往往很難有所突破或者創新，甚至本末倒置。

3.路演促銷的費用較高，少則上萬，多則幾萬甚至十幾萬元，而據有關調查顯示，根據綜合測評結果，如今的現場促銷所產生的實際效果很少能與其所消耗的費用取得平衡。而且隨著現場促銷的增多及競爭的加劇，費用更是直線上升。

4.路演促銷現場監控也是一個問題。由於大部分商家及促銷執行者都沒有成套設備或者專業固定人員（事實上也不可能），在組織一次戶外動態促銷時，演員、主持人、設備往往都是來自不同的地方，結果造成了人員之間相互溝通困難，難以監控。

5.一般在戶外開展的路演活動，事先要到當地城管部門辦好手續，做一些必要的溝通工作。否則活動很可能在中途被迫停止，大大損害企業形象。

只有充分考慮了這幾方面的問題並在實施過程中加以有效管理，才能使路演促銷順利開展，並較好地促進產品的銷售。

促銷工具 案例

　　著名的寶潔公司，是一個成功的跨國企業。寶潔公司在進入中國市場以前，已經清晰地意識到，中國 85%以上的人口是農村人口，所以寶潔的全球第一大市場就在中國農村。於是，作為世界日化產業龍頭老大的寶潔，當它在中國城市日化用品市場佔據了穩定的位置時，為了進一步擴大市場，開始將其觸鬚伸向中國廣闊的農村市場。

　　通過對中國農村居民的廣泛調查，寶潔發現：中國城鎮居民和農村居民的消費觀念是完全不同的。農村消費者不喜歡花言巧語，他們信奉「眼見為實、耳聽為虛」的立身處世理念，而以往寶潔的電視廣告以及其他的宣傳手段在表達方式方面很大程度上是為中國城鎮消費者量身打造的，給農村消費者一種陌生的感覺，很不容易讓他們接受。

　　針對這種情況，寶潔公司決定採用已經在印度及歐美市場取得成功的 ROAD SHOW 進行促銷，目的是讓受眾親眼看到寶潔產品的功能演示，和他們進行面對面的交流，讓他們聽到有說服力的介紹，讓他們有機會親身試用寶潔產品，讓他們感受到實實在在的切身收益，從而體驗到寶潔產品的優秀。

1.活動方式

　　寶潔在中國的路演宣傳的具體方式是：首先，根據中國老百姓喜聞樂見的方式加上他們喜歡的一些活動，有效地把消費者聚集起來；然後，在活動中讓老百姓能夠熟悉、認知直至接受寶潔的品牌。

2.人員的組織

　　在進行路演促銷活動時，由於要開發全新的農村市場，寶潔公司對所有的執行人員和代理公司，都經過了嚴謹的篩選、培訓及考

評，然後才推向市場。

實潔要求他們必須做到如下幾點：

(1)必須給農村消費者一種親近感、真實感、相關感，沒有距離感，消除長期以來實潔的高端廣告帶來的負面影響。

(2)每一個人都必須清楚地知道本次任務的策略要求。

(3)每個人都必須清楚地認識到，中國農民都很務實，他們不喜歡花言巧語，他們相信「耳聽為虛，眼見為實」，他們希望面對面的交流。

3. 活動籌備

(1)前期調查

為了獲得翔實的目標市場的第一手資料，實潔首先對活動將要開展的目標區域市場進行了前期踩點和市場調查。實潔的員工前往目標區域進行實地勘察，掌握目標區域市場的地理環境、人口密度、人口分佈、村落數目、分佈情況、收入水準、消費習慣、消費心理、道路通達情況等，為了達到更好的效果，實潔有時候甚至要求對那個村鎮什麼時候趕集、一般幾點鐘街上的人最多等情況都要弄清楚。

(2)工作準備

前期調查工作結束後，根據對調查結果的分析，實潔進行了如下的工作安排：

①設計實潔產品現場宣傳演示方案的細節，並加緊演練。

②帶領區域督導在當地的縣（市）區招聘宣傳隊員。

③就實潔的產品知識、活動流程、演示技巧、宣傳口號、溝通技巧、推銷技巧、團隊精神、貨類管理等方面，對宣傳隊員進行培訓。

④宣傳隊員分隊分組、安排各隊、組的活動路線。

⑤檢查活動物資、人員、相關設備、車輛到位情況，並進行再次確認。

⑥全體人員集中誓師，活動即將啟動。

4.活動流程

經過充分的調查和準備之後，路演項目就進入了實施階段，具體的活動流程如下：

(1)運用廣告傘、反復播放錄影、現場 POP、彩旗、彩車、音樂以及主持人通過喇叭介紹聚眾，吸引更多的農村消費者的眼球，壯大活動聲勢，擴大影響面。

(2)派送寶潔小錦囊、宣傳頁，吸引並留住更多消費者。

(3)播放寶潔產品宣傳錄影，宣傳隊員配合主持人的講解現場演示寶潔：汰漬、飄柔、舒膚佳（前期推廣產品）、護舒寶、海飛絲、佳潔士、潘婷（後期推廣產品）的不凡功效，滿足消費者「眼見為實」的心理。

(4)進行現場問答，答對問題的消費者即獲得獎勵——將寶潔產品帶回去試用，這對其家人、親朋、鄰居也能間接地產生宣傳作用，增加宣傳活動的潛在覆蓋面積。

(5)現場採訪消費者，向他們徵詢意見，從而獲得第一手的回饋資料。

(6)將產品分裝成各種組合的便袋包裝，以略低於市場零售價的價格進行現場銷售，為了提高有效試用率，每人限購一包。

(7)進行現場抽獎，刺激參與熱情，吸引更多消費者參與活動。

(8)主持人和全體宣傳隊員加速勸說圍觀的消費者購買和參與活動。

(9)全體隊員集體向消費者致謝，感謝大家對寶潔公司的支持，宣佈下次活動的時間及地點，歡迎消費者到時繼續前來參與。

21

社區促銷

促銷工具　介紹

　　企業在做好促銷宣傳的同時，也越來越多地考慮到把宣傳形式從商場等主要售點延伸至社區，而且成立專職宣傳隊伍，充分整合各種有利資源，比如與所在街道、居委會建立合作關係，在社區宣傳推廣中起到了顯著作用。

　　企業通過在社區內舉行的宣傳推廣活動，以面對面接觸方式與消費者進行溝通，吸引潛在顧客群的關注和試用，並由此形成一定範圍內的口碑宣傳效應，使產品的影響深入人心，為下一階段的促銷奠定基礎。這種效果是廣告轟炸似的宣傳達不到的。具體體現在：

　　1.能使產品迅速與顧客見面，直接與顧客做面對面的溝通，有利於顧客更加深入地瞭解產品，達到良好的推廣效果。

　　2.集宣傳、鋪貨和銷售於一體，能迅速實現社區社區域市場的良性啟動，廠家的投入往往能取得立竿見影的效果。

　　3.可以幫助廠家節省進場費用，特別適合中小企業的產品進入市場時使用。

　　4.能避開大多數競爭對手的干擾，產品優勢很容易凸顯出來，而且顧客對產品也有新鮮感，產品更能吸引目標顧客的關注，推廣

121

效果好。那麼，如何抓住社區宣傳中的契合點，達到有效促銷的目的呢？

促銷工具 ＼ 疑難雜症

社區促銷的關鍵是把握每一次的現場促銷，而現場促銷的好壞是多種因素綜合影響的結果，要提高促銷效率，必須把握促銷方案實施中的所有細節工作。

並不是所有的產品和行業都適合做社區推廣。但歸納總結在社區終端做過推廣的產品及行業的經驗可以得出，適合社區促銷的產品和行業特點爲：

(1)跟家庭日常生活緊密相關，如快速消費品、醫藥保健品；

(2)消費頻率比較高，大家電和金融保險行業除外；

(3)易發生購買行爲，如美容品、金融保險類行業。

一、社區促銷的常見形式

1.現場促銷

通過在社區選擇合適的促銷點，派出促銷隊伍佈置展臺開展產品的宣傳和促銷。這是企業促銷比較常用的一種社區推廣形式。

現場促銷需要注意的是，要有人氣、要有氣勢，這樣才能達到社區推廣的效果。而通常旺盛的現場人氣需要廠家在適合的場地、適合的時間，以適合的形式吸引消費者。

2.文化活動

通過開展集中的講座、諮詢、聯誼和沙龍等活動將分散在各住宅樓的潛在目標消費群體組織起來，進行產品宣傳。這也是一種常見的社區促銷形式。如家電公司把顧客組織起來，成立俱樂部，開

展顧客聯誼活動，鎖定老顧客的同時，帶動了社區內的其他潛在顧客。這種形式需要注意的是，因爲是和文化活動結合，所以商業目的不要太濃，否則會令人反感。活動的主要目的在於產品和企業形象的宣傳，而不是產品的銷售。

3.**娛樂活動**

通過開展一些社區消費者喜聞樂見的趣味活動，如表演、遊戲和競賽活動等，達到聚集人氣、宣傳產品和提升廠家形象的目的，提高企業的知名度和美譽度。

這種形式的活動通常是在節慶日，企業同社區物業管理公司或居委會聯合舉行的新穎性、趣味性和娛樂性強的社區活動，可以激起居民的參與熱情，讓大家都參與到活動中來，如此就可以寓宣傳於娛樂之中。

4.**服務活動**

廠家通過與產品有關聯的良好的社區服務形象，在此基礎上進行產品的介紹和推薦，從而達到推廣的目的。這種形式的服務對象主要是社區的目標顧客，目的是爲了穩住老顧客，發展新顧客。如「水天使」淨水機，通過對桶裝水用戶進行免費清洗飲水機，獲得上門服務的機會，發現目標用戶，然後根據具體情況向目標用戶推薦該品牌的淨水機。

這種活動是以社區服務帶動市場銷量，把市場行銷的出發點和著眼點放在服務上，以良好的服務態度、服務技能打動顧客，提高品牌綜合競爭能力。

二、社區促銷的實施要點

一個詳細的促銷活動方案的制定一般包括：活動背景、活動目標、活動主題、活動內容和形式（如贈送贈品來吸引目標消費者等）、

活動時間、活動週期、活動地點、活動參與人、活動負責人、活動步驟、活動經費、活動物料等，這樣在具體操作過程中可以做到有據可依。一次完整的促銷活動可歸納總結爲以下三步：

（一）前期的準備工作

(1)確定活動目的

活動的目的通常有：

①建立和提升產品的知名度，在此基礎上樹立企業和產品的美譽度。

②挖掘並抓住首期使用者和早期購買者，培養和鞏固基本消費群。

③通過對產品的大範圍宣傳，建立口碑效應，促進產品的銷售。

④對產品重點宣傳的同時，宣傳企業的形象，從而在一定程度上帶動其他產品的銷售。

(2)確定促銷的主題

促銷主題是促銷活動的靈魂，是顧客心理上接受促銷的最好藉口。比如正值中秋來臨，促銷主題可以爲「中秋大團圓，健康闔家歡，××關愛生命大行動」，並臨時印製活動宣傳單。

(3)選擇社區

主要是結合活動的目的、促銷的主題，根據產品的自身特點而選擇社區，選擇社區時一定要以目標消費者爲中心進行選擇。

所以，要進行事前的社區調查，對社區的總體情況要有一個全面的把握，如住宅樓數量、社區地理位置、社區的目標消費者有多少、社區賣場裏的競爭品銷售如何、社區附近大中小型商場超市的名稱及佈局特點等等。通過調查居民所在廠家或單位的經濟效益狀況、社區內居民數、居民的收入情況和消費習慣，從而確定該區域的市場潛力。可通過對住宅樓數量、裝修水準的瞭解，冷氣機的安

裝比例調查，以及留意社區賣場商品的檔次和價位等方式，確定該社區的消費水準與規模。總之，凡是與消費者購買行動及社區有關的信息都應包括在調查的範圍內。

(4)選擇合作零售商

選擇合作零售商，是為了更順利地進行活動推廣。因為目標消費者對社區內的零售商比較熟悉，這樣就可以借助零售商的知名度吸引一些現有的顧客。

一般社區都有便利店、市場、藥店等商業區，選擇一家能夠相互合作的零售商也非常重要。零售商在社區的信譽較好，產品賣得較好，對促銷產品來說，是成功的關鍵。另外就要留意賣場門口是否開闊，擺放促銷道具和進行一些現場活動的空間是否足夠，要避免和競爭對手的促銷活動碰撞。

(5)社區談判

具體是指瞭解社區相關部門的規則，如需不需要辦理相關手續才能開展促銷活動。因為有些社區管理很嚴格，不允許舉辦社區促銷活動。

社區的談判會涉及到社區裏面方方面面的關係，必須先把相關手續辦好，甚至要適當地支付一定的費用，才能開展社區推廣活動，以免帶來不必要的麻煩。

(6)確定時間

一般選擇週末、每天下班後的時間段比較好，人流比較集中。上班前開展促銷活動效果比較差，因為人人都忙著趕時間上班，但是宣傳效果還不錯，可以給顧客留下一個初步的印象，為下班後購買產品奠定基礎。如果是夏天，晚上 6～8 點鐘效果較好，因為很多居民會到外面來納涼和散步。

需要注意的是，在同一社區的每一輪促銷持續時間不宜過長或過短。時間太長，顧客不會有新鮮感，也就不能形成強有力的感官

刺激；而時間太短，也達不到應有的效果。實踐證明，推廣效果不太好的社區，可只做兩天，情況比較好的社區則可做三天。

(7)確定地點

促銷地點的選擇應該提前幾天確定，一般選擇社區進出口、社區內和週邊的終端零售點、菜市場週邊的零售點以及中老年活動場所等。

選擇促銷地點還要注意「多點結合、分主次」的原則。如果一個社區，特別是大型社區只選一個促銷場地，其影響力非常有限；而選的推廣場地太多，則費用太高，也分散了有限的資源，所以社區促銷時，總的原則是一個主場加幾個次場，而且要有主有次。

主場是指地理位置好、人流量大的推廣場地，是使人產生購買行為的「主戰場」，要求安排多名主力促銷員，擺放較多的促銷道具，如並排擺放多張促銷台等，營造濃厚的現場氣氛，使顧客產生購買衝動，起到宣傳、銷售的雙重效果；次場的位置稍偏僻些，人流量較少，自然應該安排較少的促銷員，次場的目的僅在於提高推廣活動的影響面，給人留下第一印象，告訴大家這個產品已經上市了。

(8)前期宣傳

做好前期宣傳，營造活動氣氛，可以在現場活動的前 1～2 天張貼社區海報，懸掛條幅，發放通知單，在通知單上最好能蓋上居委會或物業管理處的公章，增加居民的信任度。其中還要注意以下一些細節：

①張貼海報時 2～3 張貼一排，要有足夠的視覺衝擊力，派單員每派一張單要簡明扼要地說明這次活動的目的和內容，千方百計地告知更多消費者活動的信息，為活動造足氣勢，做好充分準備。

②擴大宣傳範圍，海報、橫幅盡可能在活動點附近較大範圍內使用，而且數量應盡可能多，但也不要氾濫，適當掌握一定的標準，同時注意橫幅懸掛高度，避免被破壞。

③資料的發放須注意其有效性、針對性，不能逢人就發，資料發放採取專人投遞和菜市發放等形式。

在社區活動中，其實最有效的宣傳就是社區的負責人，如居委會主任的配合及宣傳。在社區推廣中，注重的就是口碑宣傳，而這些口碑宣傳的主要途徑就是居委會和社區內離、退休的中老年人，所以，前期宣傳要做好他們的工作。

（二）操作要點

活動的每一個細節都必須掌控在自己的手中，千萬不要遷就消費者，但也不要得罪消費者，如遇到發牢騷的消費者，工作人員一定要耐心、細心地解釋，防止不愉快的事發生。實施的過程具體包括：

(1)建立專職、專業的社區宣傳隊伍

專職、專業的促銷隊伍，決定著推廣的產品是否能取得消費者的信任。因為社區促銷面對的消費者通常都比較挑剔，他們可以接受贈送的產品，可以現場嘗試，但是卻不一定會消費，所以要培養他們的購買信心，就要先給他們專業的信賴。

宣傳隊伍中可以分成小組，每個活動小組可以配備 3～4 名宣傳員，宣傳員有一定社區宣傳經驗和產品知識為佳。

(2)社區活動物料準備

準備充分才能保證活動中不會自亂陣腳，才能保證活動的順利開展。物料準備主要包括：

①社區活動的相關表格：主要用於消費者填寫一些資料，如年齡、住址、職業、身體狀況、收入等，這些資料可以經過整理歸檔，建立消費者的資料檔案，有助於以後的促銷活動的開展；

②相關產品：如產品的試用裝、贈品、產品演示器以及一些相關的資料等；

③相關道具：主要包括長桌、撐牌、海報、橫幅、遮陽傘、音響、磁帶、筆、記錄本等。

⑶人員分工

人員分工須明確，工作要細緻，實行定人定工作，可以避免人員工作重複、不服從工作安排的情況發生。除此之外，對活動組人員還有以下要求：

①工作須相互協調，相互支援，那一環節現場人數多時，其他環節人員須及時協助；

②要求著裝統一、語言誠實，不誇大產品的功效。因為不同的活動組在活動中，為了突出產品優勢，會出現言詞誇張的情況，口徑不統一，這種現象一旦產生，會破壞產品在消費者心中的形象。

⑷展臺的佈置

展臺的佈置要根據地形合理安排，結合產品特點搭配終端宣傳物料，物料的擺放須有層次感、立體感，整個展臺須整齊美觀。具體要求為：桌布以白色為宜；展臺後面懸掛一條大的活動布幅；立牌、布幅可靈活使用，盡可能多用；贈品擺放須美觀、吸引人，盡可能展示出來，形成視覺衝擊力。

⑸與消費者溝通

這個溝通過程要求促銷人員語言要規範，要善於判斷消費者的心態，跟消費者溝通要有主次，目標消費者要重點進行溝通、引導，並注意以良好的服務態度、服務技巧打動消費者。

注意與消費者的溝通，可以增加促銷活動中跟消費者互動的機會，如某保健品的一場社區促銷活動中就有七次互動溝通的機會，目標消費者再頑固也會心動。

⑹營造氣氛

促銷活動的現場氣氛，主要包括現場佈置的氣氛和帶動的人氣。活動現場的佈置，層次要分明，展架、海報、橫幅等宣傳品要

一目了然，工作人員身著統一的企業服裝，佩帶活動胸卡，烘托出現場熱烈的氣氛，要善於抓好每一個細節，如有消費者購買了產品，應儘量把他留在活動現場進行現實宣傳，如儘量用大而又不招人反感的聲音引導購買者談談購買的原因、對產品的認識、產品的優點以及如果使用效果好希望對產品進行大力宣傳等。目的是爲了引起其他消費者的注意，並帶動其他人購買。

要抓住消費者喜歡「熱鬧」的心理，往往圍觀的消費者的購買率極高。某保健品公司總結時發現，參與活動的消費者的購買率只有 40%，隨機購買的卻達到 60%。活動人員還可以用一些適當的語言來刺激消費者，比如說，活動還有最後一小時就結束了等話，從而創造產品熱銷的場面。

前期的社區活動寧精勿濫，主要以宣傳推廣爲主，讓員工有較寬鬆的心態去完善社區活動各個環節、層次。注意社區宣傳各個環節須做細、做透，不斷反思逐步改進，達到至善至美的程度。

（三）後期的總結評估

後期的總結評估活動是不可或缺的一個環節，缺少了後期的總結工作，促銷活動就不算完整。後期的工作主要包括：

⑴召開總結會議

對活動進行總結分析，如活動過程中的亮點、缺點、成功之處、不足之處、缺點如何改進，活動總費用，活動前後的銷量，同期銷量增長比，對活動中突出人員進行獎勵等。

⑵撰寫活動總結報告

會議是對活動的口頭總結，報告是書面總結，目的是便於以後的促銷工作的開展，使之有據可查，有證可考。

⑶整理客戶檔案

通過對現場購貨消費者的檔案記錄，建立真實的回訪依據，對

其他地點購貨的消費者也可建立檔案，以便下次活動的開展等。

⑷跟蹤服務

設專職的拜訪人員，根據具體的情況確定需要的人數，進行跟蹤服務。對現場購買的消費者可以用電話回訪的方式進行售後服務。

社區促銷活動要想獲得更大的突破，必須不斷創新，只有這樣才有可能創造出銷售的奇跡。

促銷工具　　對策

廠商在做社區促銷活動前，應思考如何結合每個社區的特點使促銷效果最大化、銷售量最大化與宣傳目的最優化。要避免在社區擺幾張桌子諮詢、派派宣傳單、免費量量血壓的傳統社區促銷活動，採取一些新穎的活動吸引消費的注意。

另外，社區活動還要注意：

⑴提高社區推廣活動物品的層次，使消費者相信這是由正規廠家開展的推廣活動，可以和居委會、物業管理機構聯繫，聯合舉辦，增加權威性，也可以在電視、報紙等媒體上推出一些社區活動的報導，增加可信度；

⑵社區活動以宣傳（面對面推廣＋口碑效應）為主，同時可配合產品售賣；

⑶與社區內各活動點的負責人溝通，建立負責人的聯繫檔案，建立一種長期友好協作關係；

⑷活動點的設置盡可能同該區域內的城管、工商等執法部門聯繫，同時盡可能遠離相應執法部門的辦公場所，縮小相關職能部門破壞活動現場的可能性。

在做好社區活動的同時，社區終端賣場的宣傳包裝、鋪貨工作也是極其重要的。如果只有社區推廣活動，而擴大銷售網站工作沒

有做到位，推廣效果就要差得多，在對社區終端賣場鋪貨時，把賣場的宣傳包裝工作一路做好，以提醒居民在社區賣場有產品銷售，刺激居民回頭購買，鞏固社區推廣的成果。

促銷工具　案例

xx按摩器的社區促銷，其成功的活動策劃和執行情況如下：

1.確定促銷主題

當時正值中秋來臨，所以促銷主題確定為「中秋大團圓，健康闔家歡，xx關愛生命大行動」，並臨時印製了活動宣傳單。

2.確定促銷價格

促銷價格的制定，必須迎合顧客對當前普遍產品促銷的認知心態，所以本次促銷活動的優惠政策設定在優惠幅度為800元（即原價2480元，促銷價1680元）。並且設定了一條理由「企業回報社會，純成本銷售，只做宣傳工作」。

3.確定促銷場地

由於本產品屬於中檔層次產品，所以促銷現場選擇在社區菜市場附近的一個三叉路口處，此路口剛好是此社區 80%的居民和小部分其他社區居民的必經之道。有一個重要的信息是，當地因位置較偏僻，類似商業行為較少，對促銷將大大有利。

4.確定促銷時間

由於菜市場的人流高峰一般在早上 7：30～9：30左右，同時為了避免炎熱的天氣，最後決定促銷時間是 7：00～10：00。

5.佈置活動現場

因按摩器的促銷以現場體驗為主，所以在三岔路口旁選擇了約20平方米左右的空地，空地後方擺放了兩張促銷台供存放貨品和資料使用，同時後上方兩條鮮明的 6米長橫幅「生命的不斷延續，需

要健康每一刻」（內涵在於——本按摩器方便實用，隨時呵護您的健康），「中秋大團圓，健康闔家歡，xx關愛生命大行動」。空地前方一字型擺放 4 頂廣告太陽傘，整個場面顯眼，基本達到引起路人注意的目的。為了能留住顧客，還準備了 4 台風扇及一台飲水機給顧客「降溫」。

6.促銷前的準備工作

主要包括：進行全面的產品檢查，保證無一劣質產品；在前一天下午對所有促銷員進行了產品解說和操作的強化培訓，這些前期工作效益實際上已經在促銷現場顧客對促銷員的讚許中得到體現；要求員工統一工作裝，佩帶工牌，並且規定標準用語，稱呼一律去掉「先生、小姐」，改用「叔叔、阿姨、大哥、大姐、靚女、靚仔」，使語言更具有親和力。

除此之外，在人員分工方面，安排一個收款員專職收款外，並安排一個專職現場督導，隨時監督與規範促銷過程。為發揮促銷員的能動性，規定促銷過程「一條龍」，即從邀請到銷售專人負責，誰銷售誰提成，而且提成現金回公司後即刻當眾公佈發放。

7.現場促銷的執行

本次活動強調「微笑」和「問候禮儀」要規範，用語必須簡潔易懂、針對性強、有吸引力，做到有的放矢，切忌冗長、語言不清。

本次促銷的重點是邀請顧客進行體驗，所以在執行的時候，促銷人員必須要得體地邀請顧客到促銷區就坐後才能進行體驗，切忌站在路上隨便一試，很容易導致顧客輕易離去的情況。促銷人員在整個推銷過程中要隨時觀察顧客的言行、情緒變化、週圍環境變化以及各種對推銷過程有影響的因素。比如當顧客在體驗時皺眉，可能有不適感，必須調整力度與部位，直到讓顧客滿意。在體驗及推銷過程中，應注意溝通的雙向性，在你必要的解說後，應注意提一些問題讓顧客回答或聆聽顧客的問題，然後再作詳細的回答，這樣

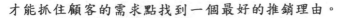
才能抓住顧客的需求點找到一個最好的推銷理由。

8. 售後服務

當產品成交後很多人認為已經基本完成促銷工作，往往忽略了售後的重要事項，其實這也是部分人對「促銷」的狹義認識。促銷不但現場銷售產品，更重要的是對產品的宣傳和後續獲得更大的收益，當成交後，除了完善一些必要的手續，如保修，還必須將顧客的檔案進行完整填寫，可以以售後服務為理由引導顧客，同時向顧客說明工作人員對產品的品質負責將定期電話跟進，避免以後顧客對回訪電話出現拒絕態度。

本次社區促銷活動實現了現場銷售 105 台的良好業績，並且後續的顧客重複購買及顧客宣傳後電話購買達到 50 台以上，有部分顧客還繼續購買了該公司的其他產品，另外員工也通過本次促銷大大提高了對產品的銷售信心。

22

現場演示法

促銷工具　介紹

所謂現場演示促銷，指廠家或商家派促銷人員在銷售現場對商品的功效、性能作示範表演，讓顧客親眼看到促銷商品的主要優點，並向他們提供諮詢服務，引起和提高顧客的嘗試興趣和試圖改變其

購買習慣，最終促使其產生購買行為。

　　現場演示在售點、商業展覽會、人員推銷、電視廣告中運用極廣，促銷效果很明顯。通常新產品打入市場時，採用此促銷方法，有利於迅速提高產品知名度。

促銷工具　　疑難雜症

一、適合現場演示的產品

　　目前採用現場演示的產品種類越來越多，如蒸汽熨斗、食品加工機、各種清潔工具、保健品和食品等。但不是所有的產品都適合現場表演的方式，下列產品比較適合現場表演促銷：

1.演示效果非常明顯的產品

　　演示過程中，消費者必須確切地感受到產品的使用功效，才可能產生購買興趣，如親眼見到擠壓出粗細均勻的麵條，或親自感受到電子按摩椅按摩後的舒適等等。如果產品使用後的效果不能立竿見影，則現場演示的效果也就會大打折扣。

2.有獨特賣點的產品

　　如果該產品與市場上已有的其他同類產品相比，並無更先進、更優越的性能，就沒有必要做演示，因為演示的結果並不能激起顧客的好感和購買興趣。

　　與競爭對手相比必須具有創新的、更加優越和獨特的賣點和功效，而且產品的品質和功能可以強有力地支撐這一賣點，通過現場演示可以迅速地讓產品的特點表現出來，有力地打擊競爭對手，比如產品品質卓越的寶潔公司就把現場演示發揮得淋漓盡致。

3.有表演媒介的產品

　　能利用聲音、氣味、圖像等為傳播媒介，向顧客演示，如利用

某種食品現煮的氣味來吸引顧客，並舉辦現場品嘗活動；音響產品利用其震撼的音質打動顧客等。

二、現場演示的實施要點

1.突出演示商品的優點和特性

現場演示時，必須演示出產品最能吸引顧客的主要優點和顧客最關心的利益點，才能真正吸引顧客的興趣，從而達到銷售的目的。如某品牌的榨汁機示範表演，推廣員為了演示其榨汁機的「摔不爛」等特點，經常邀請顧客摔、踩榨汁機，並承諾：如發現裂紋，當場贈送一台榨汁機。隨著「呼啦梆朗」的聲音不斷響起，杯子任顧客怎麼踩也碎不了，圍觀的顧客紛紛交頭稱讚。接著，推廣員又拿出一個大塑膠杯，將滿滿的一杯水朝榨汁機潑了下去，在顧客的一片驚訝聲中，推廣員打開電源開關，濕淋淋的榨汁機照樣正常運轉。顧客徹底信服了，紛紛解囊購買。

同時演示時間不要太長，不要過於全面，不要對產品的每種使用價值都進行演示。對於那些顧客不是很關心的功能，則輕描淡寫。全面、過長的演示會使顧客感到不耐煩，特別是在演示一種顧客不熟悉、結構複雜的產品時，更是如此。

此外，演示活動更要講究效率，要將促銷與演示有機地結合起來，積極謀取促銷之策。

在演示活動中，應向顧客做促銷和積極的推薦，配合諸如贈品、優惠等促銷誘因，能迅速有效地達成實際的購買。

2.注意演示講解的層次性

產品演示的講解可分為三個層次：特點的講解、優點的講解與利益點的講解。三個層次表現為：演示人員能簡單地講解產品的基本特點；演示人員能講出產品優於其他品牌產品之處；演示人員能

最大限度地站在用戶的角度講述機器給用戶的生活帶來的切身變化和實質利益。前兩個層次講解的出發點都是演示人員站在產品和企業的角度，第三個層次是演示人員站在顧客的角度，講解的內容和方式也都是非常生活化、非常人性化並具親和力的，並不是機械的和功能化的，這是演示人員應該努力達到的境界。

3.多用比較，突出獨特優勢

顧客在購買商品時，是在對各廠家的產品進行仔細對比後，才作出最終的購買決策，尤其是一些耐用消費品，顧客總是要對其價格、功能、品質等方面反復比較之後，才作出購買決定。在對促銷商品進行現場演示的同時，可以巧妙地對比競爭商品進行演示，直觀地顯示出自身產品的優勢。需要注意的是，最好將競爭產品的商標遮罩，也不要提及競爭產品的名稱，以避免不必要的麻煩。

4.享用產品的感覺尤為重要

產品演示的目的是促使顧客購買演示的產品，而顧客購買產品的目的是為了享用產品的功能和價值，滿足自身的需求。所以在演示的現場讓目標顧客獲得享用產品的感覺十分重要。在零售終端如果不能夠給顧客享用產品的感覺，就難以引起顧客的購買興趣，沒有興趣也就談不上購買。

5.演示要生動、效果要明顯

(1)演示要有創意

現在零售賣場裏的演示活動很多，沒有創意的枯燥乏味的演示活動已經很難吸引顧客的眼球和讓顧客停住腳步。因此，要提高商品演示的創意水準。

(2)演示效果要明顯、直觀

通過對商品的現場演示，要把商品的性能、特色、優點，明顯、直觀地表現出來，使顧客立刻對商品有所瞭解。如果演示後效果不明顯，或要過一段時間才能看出效果，參觀者就會紛紛離去。例如，

某品牌保暖內衣，爲演示其「保暖、抗風」等特點，在商場組織了一場抗風寒的模特秀：4～5個模特在冷風凜冽的露天舞臺僅穿著保暖內衣，連續一個多小時，不流鼻涕、不哆嗦，效果非同凡響。尤其是廠家邀請現場部分觀眾參與表演後，現場一下子就「引爆」了，當場銷售內衣達200多套。

(3)演示要有趣味性和戲劇性

現場演示表演最好具有趣味性、戲劇性，才能吸引大量顧客圍觀。例如，一位促銷人員爲了證明一種洗滌用品的去汙能力，他總是將墨水、醬油之類的東西潑在自己的白襯衣袖子上；然後再演示洗滌劑的洗滌效果，結果，吸引了不少人圍觀，使不少消費者慷慨解囊。這種演示方法比將墨水潑在毛巾上或布頭上要有戲劇性，也更有說服力：因爲如果演示人員對產品沒信心，就不會捨得將汙物潑在自己的衣服上了。

6.演示要注重與消費者的互動

如果條件允許，應積極鼓勵顧客參與和體驗，演示的效果會更好。一個好的演示一定要考慮讓顧客參與其中，樂於享用商品的感覺，從而由衷地稱讚商品帶給他的享受。因此設計演示方法一定要考慮如何邀請顧客參與，參與那些演示環節，讓顧客參加做演示要比演示人員自己單獨做演示，更能引起顧客的興趣，實現良好的現場互動氣氛。演示人員應當自己先演示所推銷的產品，然後讓顧客自己操作，邊演示邊指導。顧客對學會怎樣使用某種產品的興趣越濃厚，他就越樂於把自己當作使用這種產品的主人。

7.演示程序要規範化

規範整齊的東西往往能給人一種很舒服的感覺，演示也是一樣的道理。演示臺上整齊劃一的演示道具、乾淨爽潔的臺面、演示人員利索的穿著不僅顧客看了舒服，而且也有利於提高品牌形象。對於演示過程中常見的一些細節或意外現象，在培訓時，要做相應演

示，如怎樣防範和處理意外事件。

設計現場演示活動必須爲演示人員設計一整套的標準演示用語和演示動作，將演示活動流程化、程序化。演示人員必須熟練掌握要點後才可安排上崗。將演示活動流程化，有利於規範地運作演示活動。同時流程的設計儘量細化和具有操作性，如演示前需準備的物品清單；演示過程中的合理化程序等。在促銷實踐過程當中，已經有越來越多的企業注意促銷細節的科學性與標準性，如寶潔公司各產品進行產品推廣時，就有一套非常完整的促銷流程方案與產品演示方案。

促銷工具　　對策

現場演示的效果受演示人員的水準影響較大，演示人員的操作水準直接影響著消費者對產品的信任程度。據一項研究結果顯示：示範表演各部分所佔銷售成績的比例爲演示人員儀表才能佔 35%，示範商品品質佔 26%，商品價格合理佔 19%，示範演出方法佔 20%。由此足以看出選派的演示人員的素質乃是示範表演活動成敗的關鍵。

現場演示，目的在於將產品的特點、性能，真實、準確、直觀地傳達給消費者，通過刺激消費者的感官而引發消費者的購買慾望。因此，演示人員的操作要熟練，要能充分展示產品的優越性。演示人員必須具有較好的口才和比較豐富的產品知識，才能在解答顧客提出的問題時消除他們的疑慮，促使他們購買；現場演示人員必須懂得禮節、禮貌，尊重顧客，才能給他們留下良好的印象。

當然，現場演示的受眾非常有限。現場演示只能對來到現場的顧客做示範表演，其影響的面比較小。由於電視廣告具有廣泛的傳播效果，剛好可以彌補現場演示範圍窄的缺陷。因此，對於演示效

果好的產品可以通過演示性的電視廣告演示，這樣示範效果就可以被放大，擴大了產品信息的傳播面。

為了使電視觀眾相信示範表演的真實性，通常採用兩種辦法：一是請公證人員對示範表演當場公證；二是把鏡頭始終對準示範動作，不要把鏡頭切斷後再組接，以免給觀眾造成不真實的印象。如某隔熱劑公司就充分利用了電視廣告來放大示範效果，很好地促進了銷售。

促銷工具　案例

寶潔公司在產品示範中，會設計許多有衝擊力的畫面來增加消費者的記憶。在演示汰漬洗衣粉時，他們不會去拿一塊看起來比較髒的布說：「你們看這很髒哦！」然後拿去洗。他們會在這個環節上告訴消費者，「這是一包汰漬洗衣粉」，這時，先讓消費者記住了汰漬。「這裏有一盆水。」消費者便開始聯想，哦，是要用水來洗東西了，就記住了。「大家看，這是一塊白布。」確實很白，白得耀眼。又是一個刺激，衝擊過去。道具齊備了，請出一位消費者上臺來聞一聞，「啊，是醬油！」是不是醬油？是！好，我們現在把它倒到這塊白布上，「唰」，頓時，白布上是一片黑。銷售人員又拿出一瓶，問：「這是什麼？聞一聞。」「這是菜油！」大聲講，「菜油！」「啊，好髒呀！」「行不行呀？」「不行，還不夠！」「啪！」「這是碳灰，啪！」一下子又撒向白布。「髒不髒呀？」所有消費者都齊聲呼叫：「好髒啊！」發現問題了，髒了怎麼辦呢？我們怎樣來解決它？

這時，銷售人員拿起洗衣粉，重複刺激：「這是一包汰漬洗衣粉！」消費者就會開始聯想，雖然還沒有去洗，就會讓你感覺到，這包汰漬洗衣粉可以把污垢洗去。「我只需要兩勺」就更加形象化，放到水中攪和，邊做動作邊和大家交流：「我們以前如果在衣服上沾

139

染了油漬、血漬、菜漬等頑固的污漬，妻子或者媽媽會使用生鹼、皂角甚至汽油來強行洗滌，試圖去除這些頑固污漬，但是效果往往不理想，要麼就是根本洗不乾淨，要麼就是留下痕跡，由於汰漬特別含有『超潔因數』，能夠快速徹底地洗掉油漬、血漬、菜漬等頑固的污漬，所以現在我們就要讓大家體驗一下汰漬洗衣粉洗滌污漬的奇妙功效！」

　　說完再一次舉起那一塊白布，「髒不髒？」「髒！」「好，那麼我們現在就把這塊很髒的布放進有汰漬洗衣粉的水裏，看看會有什麼發現？」在眾目睽睽之下，將白布放進去，稍加搓揉，白布提出水面已是潔白得耀眼。「看，問題解決了！」再一次衝擊他們的視覺和聽覺。

　　寶潔公司不是隨意地設計這個產品演示，每一個動作，每一個環節，都是根據消費者的心路歷程，按照心理學來設計活動的。為什麼這麼乾淨呢？因為寶潔公司汰漬洗衣粉含有超潔因數。超潔因數，是一個專用的術語，許多人都聽不懂，銷售人員就把它形象化了，「超潔因數，超級潔白，它可以有效地去除油漬、血漬、污漬，能夠使你的白衫光潔如新，彩衫更加明亮！」再次告訴你，汰漬洗衣粉如何地好，而且用量不多，只需兩勺！（再次刺激你的記憶）在這個循環當中，活動並沒有完，剛才配合演示的消費者，剛才聞過產品氣味的朋友，有獎品送——一包汰漬洗衣粉。因此，許多農民兄弟都來參與，有效地刺激了圍觀者。同時，也刺激了潛在圍觀者參與的慾望。

23

專業諮詢法

促銷工具 　介紹

專業諮詢主要是對消費者提出的問題進行答疑，使得消費者能夠更全面、更深入地認識產品。由於專業諮詢具有傳統促銷方式所不具備的優勢，所以，專業諮詢作為一種新型促銷方式已經日益受到企業和消費者的重視。

通過提供專業諮詢的形式進行促銷具有以下幾方面的優勢：

1.促銷產品比較容易被消費者接受

企業一般會聘請專業人員進行諮詢服務，這些專業人員對所屬行業有較深的認識，在所從事的領域內有一定的威望和地位，所言所做有一定的權威性、科學性，所以由其促銷的產品比其他方式促銷的產品更具有說服力，更容易贏得消費者的信賴。產品的可信度源於專業人員的權威度和知名度。目前，企業最常用的是聘請專家作為諮詢者，尤其是在保健品行業，聘請具有權威性、知名度、可信度的專家做專業諮詢的促銷是理性的體現，迎合了普通消費者的心理，符合普通消費者的需求。

2.促銷的目的比較容易達到

專業人員容易贏得消費者的信賴，因而其促銷的產品也更容易

被消費者接受，促進銷售的目的也很容易達到。除此之外，各種各樣的關係錯綜複雜，專業諮詢人員尤其是專家的交際面較廣，由於經常會和同一專業領域或其他專業領域的其他權威人士溝通、交流，最終會形成大而寬的關係網，在促銷產品時就可利用關係網達到促銷目的，從而取得較好效果。

「專業」是一種潛在的、隱蔽的價值財富，是無形資產。用專業做促銷充分迎合了大眾崇尚科學、相信權威、不輕信廣告的心理，把這種無形的財富變成了有形的資產。

促銷工具　　疑難雜症

一、選擇專業人員的原則

專業促銷，不能像其他促銷方式那樣，對專職或兼職的促銷人員進行統一培訓就可以上崗了，對專業人員的選擇是有嚴格要求的。企業在選擇專業人員時一定要注意以下原則：

1.選擇行業中的權威人士

不是所有的專家都在同一水平線上，專家也有「權威」和「普通」之分，只有「權威」的專家，促銷產品時才會給產品帶來權威效應。

企業在選擇專業促銷人員時，要求專業人員必須是行業權威。行業權威不僅能幫助企業促銷產品，而且能夠幫助企業樹立同行業中的形象，即達到資金和地位雙豐收的效果。

2.選擇有知名度的專業人士

缺乏知名度、沒有影響力的專業人士，不會被普通消費者認識，若選用這類專業人士進行促銷，會導致所促銷的產品得不到大眾的認同，不但浪費資金，最重要的是企業的付出與回報不成比例。在

企業經營和發展過程中，尤其是在企業發展初期，企業的宣傳目的是要借用產品提高企業的知名度。所以選擇名氣大的、有一定影響力的專家，不僅會直接增加產品的影響力，而且能擴大企業的知名度，尤其是在同行業中的知名度。

3.選擇有經驗的專業人士

企業的專業促銷活動不僅僅需要有經驗的專業人士，更加需要的是有經驗的專家。有經驗的專業人士也分理論經驗和經驗，理論經驗充足的專家或許只是在實驗中得到不少經驗，很少參與社會實踐，所以選擇這種理論專家的促銷，不但達不到應有的效果，反而還可能影響產品的形象以及同專業人員的關係。

企業在經營發展過程中，尤其是在發展的成熟期，需要有實踐經驗的專家進行產品的促銷，可以避免在激烈的市場競爭中被同類產品排擠，而且既可省時，又可省工，還能降低成本。

4.選擇有意願的專業諮詢人員

專業人士不是都有意願為企業進行促銷的。雖然有些樂意進行促銷，但是沒有熱情，沒有興趣，結果就會適得其反。

企業選擇專業人員進行促銷，必須選擇那些瞭解產品、樂意且熱心推銷這種產品的專業人員作為諮詢員。這就要求尊重專業人員的興趣，激發其工作熱情，使之全身心地投入到工作中去，從而獲得理想的結果。

二、專業諮詢的操作要點

1.選擇合適的產品提供專業諮詢

並不是任何產品都適合專業諮詢。適合專業諮詢的產品主要包括以下兩種：

(1)技術性的產品

普通消費者對技術含量高的產品往往缺乏認識和瞭解，他們想挑選產品卻又不知如何挑選，在這種情況下，廠商安排專業諮詢人員解答消費者的疑問，能增強消費者的購買信心，達到促銷目的。

(2)消費者高度關心的產品

消費者對有些產品高度關注，主要是想確認產品是否安全可靠。如有些減肥藥品，消費者不瞭解其治療原理，不知道使用之後是否會有負面影響，是否會影響身體健康，是否會反彈等，針對這些問題，專家給予科學、合理的解釋，能促使有需求的顧客購買。

2.瞭解專業人員的能力

瞭解專業人員的能力，要從瞭解他們的個性入手。只有瞭解了專業人員的個性特點，才能判斷他是否有專業諮詢的能力。如有些專業人員對行業產品的認識程度很高，但是他的個性不突出，只適合做科學研究，而不適合產品促銷。

需要提出注意的一點是，這裏所指的個性是專業人員在一定社會條件和教育的影響下形成的比較固定的特性。

3.為專業人士做好後勤服務

在通過提供專業諮詢的促銷活動中，專業人士是關鍵要素。為專業人士做好後勤服務，主要是指企業要根據實際情況，針對專業人士尤其是專家的實際需求，切實解決專家的具體困難，如科研、課題經費不足，住房緊張等，盡力幫其解決。這樣不僅能表現企業的誠意，而且能贏得專家的好感和熱心，使之能盡心盡力為企業辦事，積極促銷，使促銷活動收到較好的效果。

4.激勵措施要與績效掛鈎

專業諮詢的激勵措施和績效掛鈎，才能更好地發揮專業人員的作用，鼓勵專業人員不僅僅進行諮詢，更重要的是進行產品促銷。採取一些激勵措施，如提成、分紅的獎勵等，可以激起專業人員宣

傳促銷產品的積極性，實現企業的經濟效益。

市場高度發展的今天，企業間的競爭也日趨激烈，專業諮詢促銷方式的應運而生，爲企業提供了一個新的可供選擇的銷售方式，它的誕生迎合了企業發展的需要和消費者的消費心理需要，是一種正在被廣泛應用的促銷方式。

促銷工具　　對策

現在大多數企業都通過多種方式爲消費者提供諮詢服務，如在Internet上設置專家諮詢欄目、在網下進行櫃檯專家諮詢；同時，輔以相關產品知識宣傳手冊等等。著名企業都將專家諮詢視爲企業服務的一個不可缺少的重要部分。

但是專業諮詢也有不利之處，那就是專家或權威的介紹過於理性，講解也太枯燥，很難引起大多消費者的喜歡。尤其是對於感性消費者更是不好打入他們的心智，因此在選用專家訴求符號的時候必須把握以下兩點：

1.選用的專家要給人一種可信賴的感覺；

2.專家的講解不能過於理性。

任何產品的促銷都需要和消費者的溝通，但對於專業諮詢促銷來說，溝通工作需要更多的技巧。專業諮詢人員應該從消費者的心理入手，結合產品的特點，給予其能瞭解的、通俗易懂的諮詢幫助。技巧性的溝通很重要，也許是同一個問題，但從不同的角度去闡述的效果會完全不同。

促銷工具　　案例

　　某電器量販店決定改變過去以賣場、商品為核心的銷售模式，取而代之的是以消費者需求、以消費者家庭為核心的銷售模式，將家電的銷售過程提前到消費者新房裝修的階段。在這一改變的過程中，蘇寧電器以服務為主要促銷手段，進行現場專業諮詢。連鎖店都設有裝修、裝飾專家顧問和專業的設計人員，為消費者提供關於家庭裝修的現場免費設計、免費諮詢服務。同時全面開通「VIP 購物通道」，專業導購人員將為家庭裝修的顧客提供更為週到的家電選購貼心服務，根據消費者房型結構、經濟情況設計最佳電器選購方案，同時提供家用電器使用常識諮詢服務，解答消費者關於家用電器方面的各種問題。

　　專業諮詢一經推出，就贏得了消費者的普遍好評。這些專業人士面對消費者提出的各種各樣的問題，對答如流，解決了消費者心中的疑惑。

24

短訊促銷

促銷工具 介紹

　　短訊促銷是指通過手機技術存儲轉發，即時監測的機制，提供雙向傳輸，是一種通訊品質可靠，低開銷的現代化的促銷方式。如今，商場、超市眾多，競爭也十分激烈，與此同時，商場、超市經營產品豐富，供貨廠家眾多，促銷活動層出不窮，銷售策略及價格變化很快，如何及時高效地與客戶進行深入溝通和挖掘，是擺在商家面前的一道難題。做廣告，花費大，針對性也有限；Call Center、CRM，動輒耗資幾萬、幾十萬、甚至上百萬，對中小企業也不現實。廉價高效的企業短訊的出現，以四兩撥千斤之力，有效地解決了信息及時傳達與溝通的問題。

促銷工具 疑難雜症

一、企業採用短訊促銷的優勢

　　短訊促銷相對於傳統媒體主要體現出以下的優勢：

1.短訊收視率高

一般情況下，手機用戶收到短訊後都會去查閱，只有查閱完畢才會知道短訊的重要性，所以可以達到 95%以上甚至 100%的查看率，這是其他任何媒體都無法達到的。

2.短訊發佈快速

手機短訊可以隨時發佈，而手機信息也可以被全國各地的用戶及時接收。所以，用短訊和用戶進行溝通，是一種很好的手段，尤其是促銷活動的宣傳，手機短訊甚至可以起到其他廣告不能比擬的效果。

3.短訊成本發佈低

短訊的接受成本都是比較低的，在相同的廣告宣傳費用下，手機短訊的受眾用戶要比傳統媒體的受眾用戶多出數倍。

此外，由於手機是用戶隨身攜帶的個人通信工具，用戶可以在任何場所包括在出差旅途中輕鬆地接收信息，可以提示用戶關注電視、報紙等有關促銷信息的詳細內容，更容易被用戶接受。短訊促銷已經得到眾多商家的認可，商家普遍反映短訊促銷不僅活躍了市場，還降低了銷售費用，是一個相當經濟又划算的促銷手段。

通常，商家的短訊促銷被稱爲企業短訊或集團短訊，實質也就是爲企業提供一個基於短訊應用的、能實現像用戶群發、信息訂制、通訊管理等服務的無線數據平臺，使企業能以大大降低通訊成本的方式與客戶進行商務溝通、甚至達到促成行銷目的的更深遠效應。目前，這種短訊形式已被商場和超市應用於會員管理、促銷通知、顧客詢問、售後調查等領域。

現代企業的經營管理者常常爲業務通訊費用過高、銷售業績不夠理想、廣告效果不好、廣告費用太高等問題感到困惑。如何解決這些問題，使企業獲取最大的利益空間？當前有效的一種解決方式就是短訊的運用。短訊雖然具有傳統的媒體所不可比擬的優勢，但

是在具體的操作中，還是應該小心謹慎。

二、企業短訊的適用範圍

商務短訊適合各種類型的企事業單位。如各大商場促銷活動；酒店、餐飲、娛樂行業促銷活動；裝飾裝修、銀行、保險公司業務宣傳；商貿、商展交流活動等。具體情況如下：

1.產品銷售或服務的促銷、公關活動

將公司促銷及公關活動的內容以短訊的形式發送到目標用戶的手機上，可以達到事半功倍的效果。同時還可以發佈賣場會員通知，進行客戶回訪，內部員工通知，供應商通知等。

2.開業慶典

公司（企業）開業時需要大規模、全方位的企業形象宣傳。短訊可成為一支廣告宣傳的輕騎兵。

3.企業形象的常規性宣傳

企業可以在節假日以及慶典活動時，配合企業形象廣告發送一段問候祝福語，例如每個週末、春節、五一、中秋等節日。也可以企業名稱為冠名向目標客戶群體定期發佈天氣預報、頭條新聞、生活笑話等公益信息，提高企業知名度。

4.電子優惠券

企業可以先發送一條產品（服務）促銷信息到目標用戶手機上，用戶收到短訊後可以憑此短訊享受購物或服務優惠，享受優惠後，店方可將此短訊刪除。讓用戶憑手機短訊享受打折優惠，從而達到刺激消費的目的。

5.大量發送信息

企業可在節假日或酬賓活動期間大量群發短訊促銷信息，以達到增加現場人氣值、提高銷售額的目的。

149

企業也可以在每個週末或節假日向會員用戶或客戶群發友情問候及祝福類免費短訊息，以培養高端用戶的歸屬感，也讓會員用戶感受到企業體貼入微的關懷，從而提高會員以及高端用戶的消費忠實度。

因各企業的實際運營狀況和所存在的問題不同，企業短訊應根據企業的實際情況量身定造，制定完整詳實的綜合策劃方案。

三、企業短訊的操作原則

企業短訊為了更好地實現其促銷的目的，建議堅持以下原則：

1.尊重顧客的選擇

對顧客的尊重，是指無論通過任何方式建立的顧客數據庫，其中的顧客資料記錄一定要得到顧客的允許，同時也要關注那些以前允許但現在可能不允許的顧客，即數據庫應該隨時或定期更新。

如果顧客僅僅是參加企業或商場某種形式的活動（如限時搶購），這並不代表他已經同意可以利用他們的資料進行下一次活動。同時，一些人樂於通過其他的管道獲得一些廣告信息，如果他們並不樂意接受手機廣告，這種顧客就不可用短訊對其進行促銷。

2.信息發送要及時

短訊促銷的最大一個特點就是及時性，這是指它的信息傳遞及時。但是對於企業或商場的促銷活動，顧客不會收到信息就趕去參加，除非有其很感興趣的商品參與活動。但通常情況下，顧客都會有幾天的考慮時間，或是提前知道，做好週末購物準備的緩衝時間。所以短訊發送的時間一定要把握好尺度。

3.利用受衆的特徵

短訊促銷最為基本的，一定要考慮目標受衆的性別和年齡。如商場的促銷消息，對於年輕的女性消費者而言，可能是比較實用的，

促銷效果也是比較明顯的；但對於男性和老年人而言，可能不感興趣，當然就達不到促銷的目的。所以，分析受眾並對結論加以利用，是短訊促銷的重要環節。

4.配合以其他促銷方式

配合以其他促銷方式，是爲了更好地實現促銷。如法國的一家體育用品公司關於它在某一商業中心新開張店鋪的促銷活動，就是針對特定的地理範圍內的人群發短訊，前數十個人走進店面區然後放聲大喊「我喜歡xx（品牌）」便可以獲得價值不等的獎品，短訊發出僅僅 3 分鐘，便有 50 多人衝進賣場放聲大喊。同時這個活動也受到了當地媒體的關注，起到的連鎖反應效果當然可以想像。如果沒有多種媒體互動的策劃，即使是 500 人的一句吶喊也不能給商家帶來什麼真正的意義。

四、企業短訊的實施步驟

1.市場調查

主要是深入營業廳、呼叫中心、大客戶服務組及後臺支撐部門，以文案調查、座談訪談、電話抽查等多種手段，大量收集手機用戶的使用資料，建立數據資料庫。

除此之外，企業應該依據自己對該行業的豐富經驗對短訊促銷的方案進行一系列的假設，然後依據先進的分析模型或委託專業的公司分析證明先前制定的假設，以保證分析的結果能夠最大程度地接近事實。

2.分析

短訊的自身特性、短訊提供的管道、短訊提供的服務和價格、短訊的宣傳推廣力度、短訊的促銷策略等均是企業分析的方面。這些問題中，對產品的宣傳推廣造成的影響有大有小，而短期內移動

或聯通公司能夠改善的可能性也各不相同。所以，企業的分析要結合客觀因素和主觀因素，進行全面而準確的分析。

3.方案的制定

從分析中，可以發現短訊宣傳存在的一些問題，如宣傳力度不夠、目標消費群體不明確等問題，針對存在的這些問題，可以制定完善的促銷方案，如選擇以短訊促銷為主，輔以會員制、廣告宣傳等形式進行活動，可以提高宣傳力度，而會員制的運用又可以解決目標消費群體不明確的問題。

如通信公司為了提高短訊的普及率，針對新入網用戶、從不使用短訊的用戶、僥倖心理較強的用戶採取短訊促銷活動，準備了「入網有禮」（保證新入網的用戶中短訊普及率在 80%以上）、「拯救菜鳥——短訊尋友」（把短訊用戶分等級，讓等級高的用戶拉動等級低的用戶發短訊）、「短訊大抽獎（發短訊中汽車大獎）」等三項促銷活動。

(1)入網有禮

「以入網有禮，中獎百分百」為口號，所有新入網的客戶只要在業務員指導下使用一次短訊，就有機會獲得大小不一的獎項。這個促銷項目是為了引導新入網的客戶發出自己的第一條短訊。該活動的實質作法是把握「客戶入網」這一接觸點，讓營業員來教客戶使用短訊業務。

(2)短訊尋友

總體上將客戶分為「短訊精英」和「短訊菜鳥」兩類，鼓勵「精英」去找並幫助「菜鳥」，一旦幫助「菜鳥」成功，則雙方都能得到移動公司的獎勵。該活動是讓客戶教客戶，形成良性互動。

(3)短訊大抽獎

作為以上兩個活動的輔助，該活動主要引起社會各界對整個短訊促銷活動的注意，製造轟轟烈烈的熱鬧氣氛。

4.促銷活動的執行

　　為了保證促銷活動的執行效果，企業可以與終端零售商、通信公司一起執行促銷活動。要保證促銷活動中權責清晰，有效地保證短訊抽大獎等組合促銷活動的切實執行。可以通過制定嚴密的監控體系來解決促銷活動中容易出現的疏漏，如製作各類促銷活動的明細表單，要求各執行部門以天為單位，將促銷涉及的用戶數、業務率、成功率等各類數據詳盡上報，以便能夠瞭解促銷活動的推進情況。

　　隨著手機的普及，短訊發送量呈幾何級數增長。越來越多的商場和超市選擇了這樣的短訊促銷方式與自己的會員進行及時的溝通，並在打折促銷活動中取得了很好的效果。如商場、超市等大型賣場為平常忙於工作、沒時間留意促銷購物消息的上班族設置了會員短訊服務，使這些上班族能夠及時知道商場的打折促銷消息，既不耽擱工作又滿足了購物欲，深受消費者和商家的青睞。

促銷工具　　對策

　　手機用戶在享受短訊帶來的歡樂和喜悅的同時，也被各種垃圾短訊所困擾。所以短訊促銷的操作要注意以下幾點：

1.樹立消費者對短訊中獎真實性的信心

　　只有讓消費者相信短訊中獎的真實性，才能在應用中取得良好的效果。因為生活中常會看見如辦假證、賣走私物品、招聘男女公關、虛假中獎、甚至還有槍支彈藥等的垃圾短訊，尤其是虛假中獎短訊，使眾多手機用戶上當受騙，隨著此類騙術在電視臺屢次曝光，人們對這類騙術有了一定的防範意識，但也導致很多人認為所有短訊中獎都是虛假的，從而使商家正常的短訊促銷活動也深受其害。

153

2.必須注意企業短訊不要對手機用戶造成騷擾

從消費者的角度來看，當收到的短訊是自己所需，溝通自然是愉快的；但如果自己不感興趣還被定期跟蹤的話，那無疑便是騷擾。為了使自己的信息不對手機用戶造成騷擾，商家在使用企業短訊服務的時候，應首先確認發送對象是否是本企業的會員客戶，其次是用戶在留下相關聯繫方式時也會向其說明會發相關信息給他。這樣，可以儘量減少消費者的反感。

目前，為了讓商家放心使用企業短訊，消除消費者的後顧之憂，有前瞻性的服務虛擬運營商還推出了「綠色短訊」服務，即讓每個企業用戶發出的短訊全部通過運營商的閘道，並分配有企業特服號碼，用戶在手機上看到的顯示是特服號碼，這是區分正規企業短訊服務與違法群發的詐騙短訊的標誌之一，用戶在收到這兩個特服號碼發出的信息後可以不必擔心存在任何計費的問題。

這樣看來，開通服務嚴格規範、服務過程技術支援全面的綠色短訊能讓商家和用戶更好地享受短訊所帶來的商務溝通便利，促進企業短訊的廣泛應用。

促銷工具 案例

酒業公司在 2005 年「春節回家」的促銷活動中，就把短訊促銷作為手段之一，開展了「發短訊，贏機票」的消費者互動活動，並於 2004 年 12 月 18 日揭開序幕。在活動期間，消費者只要編輯並發送短訊「春節回家金六福酒」就有機會獲得機票「飛」回家。活動期間，每天抽獎產生 6 名幸運者。

金六福通過在 20 個城市中進行戶外廣告及零售終端 DM 宣傳單以及強勢媒體的宣傳，使這一活動得到了消費者的廣泛關注和熱烈參與，平均每天收到消費者參與互動的短訊達萬餘條，當消費者在

手機上寫上「春節回家金六福酒」幾個字的時候，一種關懷的暖流也流入了千萬遊子的心田，金六福又一次贏得了人心。

不僅如此，金六福的「春節回家」促銷活動還取得了令人興奮的市場增長，既提升銷量又提升品牌，既能上天同時又能落地整合推廣。在提升銷量方面，2005 年春節期間比上年同期增長了 50% 以上，很多地方都賣斷了貨。在提升品牌方面，「春節回家」符合金六福一直提倡的「福」文化理念和一直以來渲染的團聚、歡樂的文化氣氛，是在為品牌價值做加法。

25

競賽活動

促銷工具　介紹

「競賽活動」以參加者身體力行的「體力」比賽為主，兼顧智力的應用，是運動型的促銷形式。它充分融合了抽獎、競賽、遊戲等促銷形式的特色，利用人們的好勝心、競爭性，及自我展示的需求，以某一特殊技能為比賽主題，通過人們的切身參與，展示自己的才華與技能，並對優勝者進行獎勵。

舉辦「競賽活動」，提供了一個使產品直接與消費者見面的機會，企業能夠通過具體的活動形式來傳達品牌形象，在愉快、激烈的競賽活動中，更易於拉近品牌與消費者的距離，塑造品牌的親和

力，能使消費者直觀地認識、界定品牌。如果組織得好，那麼將有利於提高消費者對產品的注意力，並成功地傳達與提升品牌形象。

促銷工具　疑難雜症

競賽活動的實施要點如下：

1.活動策劃

(1)活動的內容和項目，可根據市場區隔策略，針對產品（品牌）的目標消費者與產品（品牌）特性進行設計，以符合特定人群及其不同心理層面的真正需求為目的。

(2)活動參與的要求要簡單，這樣才會吸引更多的人來參加競賽活動。

(3)配合新穎有趣的活動主題，抓住消費者的眼球。

(4)要儘量做到將參賽者與目標客戶統一起來，這樣活動達到的效果最好。

(5)在條件允許的情況下，競技場所最好選擇在人流集中的鬧市區或廣場，這樣宣傳效果更佳。

2.成本預算

由於經濟活動一般是較大型的活動，而且往往有媒體配合，所以費用支出較高，成本預算與控制也就相對複雜一些。競賽活動的成本主要有：獎品成本、場地成本、宣傳費用、人員組織成本等。

3.宣傳工作

前期的宣傳工作非常重要，如果活動沒有廣泛宣傳、報導或延伸，就難以令更多的消費者知道，並參與到活動中來，自然影響力就更有限。活動結束後，可配合適當的後期宣傳。

促銷工具 ＼ 對策

　　由於競賽活動的成本較高，而且其主要的作用在於宣傳企業的品牌形象，因此，一般只有實力較強，並且立志於創建企業品牌的企業才有能力和意願去舉辦規模較大的競賽活動。所以，競賽活動的適用性不是很廣。另外，競賽活動的效果事先難以評估，至今仍缺乏一套比較正確科學的事前測試方法對「競賽活動」進行完善的效果評估。

　　所以，企業投資此類活動時，唯有依據以往的經驗作判斷，相應所冒的風險自然比較高。此外，「競賽活動」對象並不一定等於目標消費者。雖然活動可以針對目標消費者設計，但真正前來參加的卻未必是產品有效的目標消費者。

促銷工具 ＼ 案例

　　百威啤酒公司為了促進產品的銷量，與體育運動委員會聯合主辦了第一屆「百威愛心杯」業餘保齡球公開賽。

　　報名方式有三種：

　　1. 收集 3 個「百威」啤酒的瓶蓋或拉環，即可到比賽指定地點領取報名表和詳盡的比賽規則 1 份。

　　2. 由於「百威」啤酒很大一部分是由餐飲通路銷售的，因此活動特別說明，如在餐飲點消費滿 9 罐（瓶）「百威」啤酒者，可直接向其促銷小姐領取報名表格。

　　3. 無瓶蓋或拉環者繳納 30 元也可報名參賽。

　　活動分初賽、復賽和決賽，除了優勝者可獲得獎勵外，所有參賽者均可憑本人身份證參加 1 次抽獎。本次活動設獎金總額 15.4

萬元，獲獎人數 75 名。

　　從參賽條件的設置來看，百威本次活動的主要參賽人群正是「百威」啤酒的主要目標消費者。「百威」通過開展競賽活動，提供給消費者一個展現個人才能的機會。這樣做容易增加該品牌在目標消費者心中的好感，提升品牌形象。而且，以購買產品為參賽條件有利於提高產品的銷量。

　　但此次活動的缺點在於，參加本次活動的人數畢竟有限，因此活動的影響面也是有限的，一般沒有參加活動比賽的人幾乎不會關心這件事。如能多設立幾家比賽的分會場等，也許能夠進一步擴大本次活動的影響。

26

體驗促銷法

促銷工具　　介紹

　　體驗促銷指的是企業通過採用讓目標顧客觀摩、聆聽、嘗試、試用等方式使其親身體驗企業提供的產品或服務，讓顧客實際感知產品或服務的品質和性能，促使顧客認知、喜好併購買這種產品（或服務），最終創造滿意交換，實現雙方目標的一種促銷方式。

　　體驗化就是要求消費者參與到整個活動當中來，強調品牌與消費者的溝通和產品的親和力以及消費者的高度認同。體驗促銷在方

式上是一個大膽的創舉，在商業信息日益膨脹的現代社會裏，消費者的親身消費體驗往往最容易使人信服，最能引發消費慾望。通過這種促銷方式可以快速拉近產品與消費者的關係，得到消費者的認同。它作爲企業用以拉近同消費者距離的一種重要的手段，正在成爲企業獲得競爭優勢的新武器。

促銷工具　　疑難雜症

一、體驗促銷的適用範圍

適合實施體驗式促銷的行業、產品或服務必須滿足下述兩點要求：

1.產品必須具有不可察知性

所謂產品的可察知性是指通過人們的外部感官（如視覺、觸覺等）即可獲得的產品認知，如顏色、外形、光潔度等，這種品質的產品一般不需要經過體驗，消費者即可辨別其優劣。這種產品實施體驗促銷就不具備多大的意義。而具有不可察知性的產品則必須經過消費者的親身體驗才能分辨其優劣，對這類產品實施體驗促銷意義非凡。

2.產品的品質必須通過使用後才能判定

有些商品或服務只有在使用後才可以判斷其好壞、優劣，如美容美髮業、飲食業、家用電器業、汽車業等，飯菜的好壞要品嘗後才能知道，汽車的穩定性、靈活性要試駕才能知道。這類商品或服務實施體驗式促銷具有非常重要的意義。

體驗能夠給消費者帶來重要的新認識，而且這些新認識對現階段產品的促銷至關重要。許多新穎的產品、品牌就面臨這樣的現實情況。

二、體驗促銷的幾種類型

1.銷售、展示現場體驗

銷售、展示現場體驗是指企業在消費者購買決策的最後環節如零售終端、產品展示區進行的體驗促銷。在銷售、展示現場開展體驗活動效果直接、明顯，可以直接觸發消費者購買。另外，這也是花費最少的一種體驗促銷方式，因爲這類體驗活動無需企業另租場所、另聘人員，因而這也是現場體驗促銷的首選方法。

銷售和展示現場體驗活動被廣泛地應用於各行各業中。例如，銷售絞肉機、榨汁機的企業經常在銷售現場鼓勵消費者體驗一下用機器絞肉和榨汁的感覺。讓消費者親身體驗到使用絞肉機和榨汁機的輕鬆和便捷而慷慨解囊。保暖內衣企業有時將冷凍車停留到社區、大商場門前等人流量大的地方，展開現場演示活動。演示的內容是表演者穿著保暖內衣到冷凍車內，從車視窗向圍觀的觀眾宣傳保暖內衣的抗寒效果。爲了吸引人們的注意力，展示人員有時還邀請 1～2 個觀眾也穿上保暖內衣到冷凍車裏來，體驗一下保暖內衣的效果，然後請這些參與者利用親身體驗向在場的觀眾現身說法。這樣有趣的體驗活動，經常可以吸引大量觀眾圍觀。

銷售現場的體驗越來越受到企業的重視。爲了鼓勵消費者體驗產品，突出體驗這一主題，一些企業甚至將銷售現場重新佈局，以方便消費者體驗。另外，部分企業甚至爲此改換了零售機構的名稱，在名稱上突出了「體驗」的主題。

2.專項體驗活動

當前許多消費者希望進一步瞭解企業的產品，有較大的興趣參與體驗，因此企業有時可以另外臨時租用場地、召集消費者實施專項的現場體驗活動（如汽車現場試駕）。由於銷售、展示現場條件有

限，有些體驗活動難以在此現場開展產品體驗活動或者吸引不到多少消費者，而企業迫切希望開展並擴大體驗規模，因此只能另租場所開展專項體驗活動。召集到足夠數量的體驗者參與專項現場體驗活動。

這類體驗活動的成本較高，企業需要付出額外的場地租賃費、人工費和廣告宣傳費等費用。如果召集工作不成功，參與者寥寥無幾或者體驗的內容毫無新意，消費者通過體驗沒有得到什麼新的認識，那麼這種現場體驗就是毫無意義的促銷活動，只能增加企業的行銷成本，給企業帶來損失。因此，對於這類活動，企業首先應當審慎地思考分析體驗活動能否為消費者帶來新的認識，而這些新的認識對促進產品銷售是否有幫助作用，在弄清楚這些問題後，再決定是否開展體驗促銷活動，否則只會增加行銷的成本。

正確的決策是保證體驗促銷活動有所成效的第一步。體驗活動促銷的成功也離不開高超的創意、策劃和組織能力。企業應當在調查分析的基礎上，思考如何將這些花費不菲的專項體驗活動組織得生動、獨特和富有創意，真正有效地向消費者傳播產品的新認知和賣點。只有這樣，這類專項體驗活動才會不落俗套，才會真正發揮有效的促銷活動。

3.體驗場館

與臨時性的專項現場體驗活動不同，體驗場館是專用於讓消費者體驗產品使用的常設性場所，需要企業付出更多的額外投資和費用。所以企業在做決策時，應該更加審慎、仔細，確保創建體驗場館的有效性。「新力探夢」就是新力公司一項這樣的實踐場館。

2000年，新力投資興建了一個1500平方米左右的體驗館——「新力探夢」，以其獨有的方式，為人們提供了一個學習數碼知識，體驗科學神奇的科普娛樂場所。參觀者不僅可以通過親自體驗和遊戲，學習到聲、光、色等各種基本科學原理，還可以學到很多以前從未

接觸過的數碼知識。新力公司採用體驗式促銷方式，一方面可以使消費者的疑慮得到解釋，其經過體驗後作出的購買選擇的正確性會大大提高，從而更好地保證其所購買的正是其所需要的，有利於培養消費者對產品的忠誠度。另一方面，也使消費者全方位瞭解產品的性能，這對於公司新產品的市場啟動，具有很重要的意義。

由於體驗場館是常設性的促銷場所，所以體驗場館成敗的關鍵在於，能否持久地吸引消費者前來體驗。為了達到這一要求，除了場館條件和必要的宣傳外，最重要的是體驗內容必須能持久地吸引消費者前來體驗。而要做到這一點，企業至少需要做到以下的某一個方面：

(1)體驗內容不斷翻新，體驗者每次都會獲得新的感受和認知，這樣體驗者才願意多次到體驗場館來感受更新內容。

(2)雖然體驗內容未經常更新，但體驗內容娛樂性較強，可以像娛樂項目一樣讓消費者「樂此不疲」，「迷戀」這些體驗物，反復前來體驗場館感受。

(3)雖然體驗內容未經常更新，但體驗內容豐富而獨特，深具「感召力」，可以像旅遊項目一樣從當地和外地召喚一批又一批的新體驗者前來體驗場館。

三、體驗促銷的步驟

1.識別目標顧客

識別目標顧客目的是要針對特定群體提供購前體驗，明確顧客範圍，降低成本。必須在運作方法上注意信息傳遞由內向外的拓展性，如企業可以把同外部顧客接觸的內部員工作為目標顧客，使其先體驗產品，這樣在向外部顧客解釋產品時，所傳遞的信息就會更有效，更有說服力。

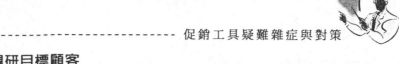

2.調研目標顧客

體驗活動要具有針對性，體驗活動要能滿足消費者需求並能消除他們的一些顧慮。企業必須深入瞭解目標顧客有什麼特點，需求點是什麼，他們的擔心、顧慮是什麼。所以體驗活動必須通過市場調查來獲取有關信息，並對信息進行篩選、分析，真正瞭解顧客的需求與顧慮，以便有針對性地提供相應的體驗手段，來滿足他們的需求，打消他們的顧慮。

3.量身定做體驗活動

在對消費者進行分析的基礎上，體驗活動設計要從消費者的角度出發，將體驗活動的重點放在消費者關心的利益點以及消費者擔心、顧慮的點上，有效地展示利益點、消除顧慮點。

4.確定體驗的具體參數

要確定產品的賣點在那裏，顧客能夠從中體驗並進行評價。譬如理髮，可以把後面的頭髮修得是否整齊、髮型與臉型是否相符等作為體驗的參數，這樣顧客在體驗後，就容易從這幾個方面對產品（或服務）的好壞形成一個判斷。

5.精心準備，讓目標對象進行體驗

在這個階段，企業應該預先精心策劃，設計好活動的每一個環節和步驟，準備好讓顧客體驗的產品或設計好讓顧客體驗的服務，做好詳細的安排，分清每個人的職責和任務，活動進行時，各就其位、各行其政、按部就班、有條不紊地進行。另外，目標顧客在進行體驗時，組織者要引導消費者留意產品的新特點和賣點，並作適當的解釋和宣傳。

6.認真評價、回饋

企業在實行體驗式促銷後，還要對前期的運作進行評估和總結。評估總結要從以下幾方面入手：效果如何？顧客是否滿意？是否讓顧客的風險得到了提前釋放？風險釋放後是否轉移到了企業自

身？轉移了多少？企業能否承受？通過這些方面的審查和判斷，企業可以瞭解前期的執行情況，並可重新修正運作的方式與流程，以便進入下一輪的活動運作。

促銷工具 　 對策

體驗促銷是一種全新的促銷思路，企業在實施體驗促銷活動時要堅持以顧客為中心，這是企業實施體驗促銷時的基本指導。如果顧客的需求沒有在體驗活動中得到應有的滿足，並且還不得不承受企業各種廣告和推銷帶來的巨大壓力，這樣的體驗活動無疑是失敗的。所以體驗促銷的產品或服務必須能滿足消費者的需求並能消除消費者的某些顧慮。此外體驗消費的環境也應考慮消費者的偏好問題。

顧客體驗本質上是一個持續性的過程，這就要求企業不能任其自然，讓顧客體驗隨機、自發地形成。企業著力塑造的顧客體驗應該是經過精心設計和規劃的，即對顧客來說必須有價值並且與眾不同，顧客在購買前能夠知道自己將得到什麼樣的體驗。也就是說，必須具有穩定性和可預測性。這兩個特徵對於企業建立差異化競爭優勢十分關鍵。此外，在設計顧客體驗時，企業還須關注每個細節，盡量避免疏漏。

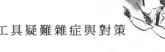

27

季節折扣法

促銷工具　介紹

　　零售賣場裏總有一部分季節性消費商品，如清涼飲料、毛毯、冷氣機等，為了鼓勵消費者反消費季節購買，推動這些商品的銷售，可以採取季節折扣方式。旺季時，為了進一步營造氣氛將銷售活動推向高潮，給購買者一定比例的折扣；淡季時，給購買者較大比例的折扣，刺激他們的購買慾望，以加快企業流動資金的週轉。季節性折扣的目的是鼓勵購買者提早進貨或淡季採購，以減輕企業倉儲壓力，使企業可以合理安排生產，做到「淡季不淡」，充分發揮生產能力。

　　在服裝行業，季節折扣的運用普遍而廣泛。因為在不同的季節，人們要穿不同的服裝；而且除了服裝的實用性之外，人們現在更加注意服裝的式樣、款式，希望服裝能夠增加自己的形象美。因此，服裝生產、銷售企業每到新的季節來臨之前，或者舊的季節即將過去的時候，為了增加新產品的銷售量，或者是為了將庫存的服裝銷售一空，降價促銷就成為一個明智的選擇。例如在冬季到來之前，某服裝公司舉行折扣優惠銷售等活動，所有羽絨服八折到八五折銷售，比起同類羽絨服，不僅價格便宜，而且品質優異，吸引了廣大

消費者前來購買。

促銷工具 \ 疑難雜症

折扣要適度，主要有以下調整依據：

1.根據產品淡旺季和消費者購買的時間、數量，來決定是否給予折扣，折扣多少。

2.不同時期的折扣有所不同。旺季時的折扣一般不是很大，但必須與競爭對手拉開距離，具有明顯的價格優勢，以吸引顧客；淡季時的折扣主要是為了季節促銷或清理存貨，以加快商品週轉，這時的季節折扣的幅度非常大。

3.季節折扣應該有計劃並且在一定的幅度內使用。季節折扣不宜使用過多。一些經銷商可能在淡季大量地囤積貨物，這會減少企業第二年的銷售量。

促銷工具 \ 對策

這種方法非常簡單，只須遵循一般的促銷原理和技巧便可收到不錯的效果。另外，如果將其與其他的促銷活動結合起來會有更好的效果，例如贈品促銷等。

促銷工具 \ 案例

案例 1：2005 年 6 月下旬，H 市氣溫創下了 50 年來的新高，並連續近一週氣溫持續在 40 攝氏度左右，冷氣機一路旺銷，這種情形讓各大冷氣機廠家一時興起，紛紛加大對 H 市的補貨量。當冷氣機廠家儲備了足夠的「彈藥」準備大幹一場的時候，7 月份卻沒有出

現人們預料中的「第二次高溫」，整個冷氣機市場一直銷售乏力，眼看離夏季結束還有不足月餘，此時各冷氣機廠家自然是心急如焚，急於通過大幅降價來消化庫存，回籠資金。

各大冷氣機廠家紛紛發力，進行「換季甩賣」，投放巨大的促銷資源貼補在產品上，以最高降幅達到 30%的大量機型掘取今夏冷氣機最後一桶金。

28

返利促銷

促銷工具　　介紹

返利是指廠家根據一定的評判標準，以現金或實物的形式對經銷商實行獎勵。

為了鼓勵管道商多進貨，維繫經銷商的忠誠度，很多企業都會給代理商或經銷商承諾一定的現金返利、廣告返利或實物返利等，企業往往也都會將返利點數計入市場行銷費用或銷售成本。而返利通常都是被銷售商視為額外的純利，所以對管道商有比較大的刺激作用。

返利是管道促銷中一種很重要的手段，在現代市場行銷中應用很普遍。由於返利多少是根據銷售量多少而定的，因此經銷商為多得返利，就要千方百計地多銷售產品。這種做法利於提高產品的銷

售量，尤其是在產品進入市場初期，這一策略的作用不可低估。

返利的特點是滯後兌現，而不是當場兌現。如果從兌現時間上來分類，返利一般分為月返、季返和年返三種；如果從兌現方式上來分類，返利一般分為明返、暗返兩類；如果從獎勵目的上來分類，返利可以分為過程返利和銷量返利兩種。

促銷工具　疑難雜症

一、返利的操作原則

1.額度適宜

返利的額度要能起到激勵經銷商的作用，能促進銷售，但又不能過高，要做到既能降低企業的利潤空間，又能為經銷商竄貨提供了更大的誘因，所以返利的額度要適度。

在一般行業中，返利利潤空間一般要比價格利潤空間大一些；而在白酒行業中則要小一些。產品導入期的返利利潤空間比價格利潤空間要小，而產品在成熟期則要大。製造商為一批商提供的返利利潤空間比價格利潤空間要大，為二批商提供的則小，甚至為零。

2.適時兌現

返利要及時兌現，否則不但不能起到促進銷售的作用，還會影響經銷商的積極性。

3.配套使用

返利要和價格、促銷等生成的利潤空間配套使用，綜合考慮。

4.激勵與約束相結合

返利不僅是一種有效的促銷方法，還是一種有效的管道管理工具。在制定返利政策時，要配合一些附加條件，約束經銷商的行為，如不許跨區銷售、不許降價銷售，否則減小返利利潤空間，直到取

消，等等。

二、返利的操作要點

1.靈活制定合理的返利週期

返利週期的制定，通常有以下幾種模式：

(1)年度返利

這是企業應用最普遍的一種返利方式，其優缺點如下：

優點：

①年度返利便於企業和經銷商進行財務核算，容易計算行銷成本；

②便於參照考慮退換貨等政策因素；

③年度返利帳面金額往往比較大，對客戶有一定的誘惑。

缺點：

①年度返利週期比較長，對客戶的即時激勵性不夠；

②如果客戶在經營的前幾個月中由於經營不善發現返利無望後，就可能會對返利失去興趣，返利就起不到激勵的作用了；

③年度返利出現大的市場變數後，不便於調控，容易失去意義。

(2)月度返利

優點：

①月度返利有利於對客戶進行即時的激勵，讓客戶隨時可以看到返利的誘惑；

②比較容易根據市場的實際情況、淡旺季等來制定合理的任務目標和返利目標底線，操作起來非常靈活。

缺點：

①月度返利對公司財務核算有比較高的要求；

②月度返利金額往往較小，誘惑力不夠；

③經銷商容易出現投機心理，導致市場大起大落等不穩定現象。比如經銷商往往為了追求本月的高返利而拼命壓貨，而導致下月的銷售嚴重萎縮。

⑶季度返利和半年返利

前兩種方式的利弊都非常明顯，將兩種方法結合是最好的選擇。因此，有的企業開始採用季度返利和半年返利的方法。其優點如下：

①既能保證有效的即時激勵，比較科學地制定任務目標，並及時對銷售任務和目標等進行調整，又能使返利金額具有一定的誘惑力；

②企業財務管理、成本核算、退換貨等因素都可以折中地參考進去。

⑷隨機返利

有些企業會採用一種即時返利的方式對某些品類的產品進行銷售獎勵，在特定時間段內，購貨即進行實物或現金獎勵等，鼓勵經銷商多進貨。比如食品行業常用的買十箱贈一箱活動等。

每種模式都沒有絕對的優勢與劣勢，適合的才是最實用的。企業應該根據自身行業的特點、企業的特點以及市場環境等因素來具體選擇、確定返利的週期。一般來說，市場變數較多、淡季旺季比較明顯、經銷商隊伍不穩定的行業，宜採用週期較短的返利方式；而在經銷商隊伍穩定或者雙方合作長久默契相互信任的情況下，則可以採用較長週期的返利方式。當然，這些方法都不是絕對的。

2.制定科學、合理的銷售任務目標

銷售任務的制定，既要具有一定的挑戰性，又不能偏離實際。太高的銷售目標會令經銷商失去信心，從而失去對返利的關注；而太低的銷售任務太容易達成，又起不到促進的作用，失去返利的激勵意義，並導致行銷費用的增加。銷售任務的制定當然要以返利計

算的週期爲準，通常制定銷售任務應依據以下幾種參數：

(1)經銷商以往的銷售業績

經銷商以往的銷售業績可以反映經銷商的銷售能力，以此爲制定銷售任務的依據是一種比較現實與實際的做法。

(2)競爭對手在區域的業績

企業與競爭對手面對的是同一片市場、同一種環境，具有相當大的可比性，尤其是風格近似的競爭對手的資料更可以給制定目標提供有力參考。所以，主要競爭對手在區域的業績規模有助於企業更加瞭解市場，特別是新開發的市場。

(3)市場本身的容量

經銷商或中間商的銷售業績會受到市場容量總額的限制。通常影響市場容量的因素有市場本身的經濟發展水準、消費者收入狀況、消費習慣、人口數量、年齡分佈、教育狀況等等。

(4)企業的整體市場

目標和推廣的預算企業通常都是有整體的市場發展目標的，銷售任務的制定要符合公司整體的市場計畫，也要參考公司的投入和市場推廣力度。企業的推廣與促銷投入越多，對提升銷售額的作用越明顯。

採用月度返利或者季度返利方式的，可參考的變數比較多，比較方便對銷售任務進行及時調整，制定出來的任務往往更容易貼近市場。而年度銷售任務的制定則更需謹慎，要求對市場整體的把握能力比較強，務求任務目標的最大合理化。

3.制定合理的獎勵點數，同時兼顧成本

返利作爲對經銷商的激勵措施，首先，必須保證具有一定的誘惑。對於以利爲先的商人來說，返利必須達到一定的誘惑程度，只有對他產生了吸引力，他才會願意努力去爭取。其次，還必須考慮到行銷成本，獎勵點數的確定必須建立在嚴格的成本預算和效益分

171

析的基礎上。所以，點數的選擇需科學、謹慎。

確定返利的點數通常要考慮以下因素：

(1)行業的利潤水準

不同行業的利潤率是不同的，行業的利潤水準高，返利的比例當然要高一些，相反，行業利潤水準低，返利的點數也低一些。比如：日本夏普（SHARP）音響的返利政策是（針對專賣加盟商）：經銷商首次拿貨 10 萬，當即返利 5%用於廣告、促銷費用；以後每滿10 萬，即返利 5%：年度拿貨達到 100 萬，則再返利 8%。這個返利點相對而言是比較高的，因爲音響行業整體利潤率是比較高的。

(2)佔經銷商全年利潤率的百分比

通常，返利的制定要參考經銷商的利潤率水準，相同金額的返利對盈利能力高低不同的經銷商的吸引力是不一樣的，所以用返利佔經銷商總盈利的比例來衡量返利的誘惑力，比用絕對值來衡量更科學、準確。相關數據表明，返利金額一般不宜低於該經銷商經營本品牌產品利潤的 8%，否則，很難對經銷商產生吸引力。例如，拿幾千塊錢的返利去誘惑一個年純利潤幾十萬的經銷商是沒什麼誘惑力的。

(3)參考競爭對手的返利點

企業作出的任何決策都要考慮到競爭對手的狀況，只要比競爭對手具有優勢，就能搶佔先機，制勝市場。所以，所制定的返利政策必須和主要競爭對手相比有一定的優勢，才能佔據更多的主動，發揮返利的推動力。

一旦制定好了返利的策略，行銷人員應該根據企業返利的方式特點，把握業績達成的各個重要時間段，循循善誘，把返利這個「金燦燦的餡餅」有效掛在經銷商的脖子上，讓他們想吃到也能吃到，而且願意全身心地投入來吃這塊「餡餅」。這樣才能引導經銷商全力經銷產品，維繫和提高經銷商的忠誠度，達到管道促銷的有效目標。

三、返利的操作技巧

返利是一把雙刃劍，在促進產品銷量的同時，也可能成為經銷商竄貨、亂價等短期行為的誘發劑。所以，企業在最大程度地發揮返利激勵作用的同時，應儘量抑制返利激勵的負面影響。

1.多用過程返利，少用銷量返利

廠商要充分發揮返利的激勵作用，就要儘量避免以銷售量作為唯一返利標準的做法，以儘量抑制返利的負面影響。要多用過程返利、而少用銷量返利。因為過程返利是控制在生產商手裏的，所以過程返利不但能提高經銷商的利潤、刺激銷售，而且還能有效防止經銷商的不規範動作。就獎勵項目來看，過程返利一般可以擴大到鋪貨率、安全庫存、遵守區域銷售、專營、積極配送、守約付款等方面。

具體來說，一般包括以下幾種獎項：

(1)鋪市陳列獎

在產品入市階段，廠家協同經銷商主動出擊，迅速將貨物送達零售終端。通過設置「鋪市陳列獎」，對經銷商在產品剛剛投入市場階段所付出的人力、物力進行適當補償，能夠鼓勵經銷商開拓市場、將產品陳列於最佳位置。

(2)管道維護獎

為避免經銷商的貨物滯留和基礎工作滯後導致產品銷量萎縮，廠家以「管道維護獎」的形式激勵經銷商維護一個適合產品的有效、有適當規模的管道網路。

(3)價格信譽獎

為了有效制止經銷商竄貨、亂價等不良行為，企業可以設置「價格信譽獎」來管理約束經銷商的違規行為。

(4)合理庫存獎

考慮到當地市場容量、運貨週期、貨物週轉率和意外安全儲量等因素，廠家可以設立「合理庫存獎」以鼓勵經銷商保持適合的數量與品種。

(5)經銷商協作獎

通過設置「經銷商協作獎」，激勵經銷商在執行政策、廣告與促銷配合、信息回饋等方面與廠家做好工作，同時強化雙方之間的合作關係。

例如，某廠家的返利政策是這樣的：

①經銷商完全按公司的價格制度執行銷售，返利 3%；

②經銷商超額完成規定銷售量，返利 1%；

③經銷商沒有跨區域銷售，返利 0.5%；

④經銷商較好執行市場推廣與促銷計畫，返利 1%。

根據此返利政策，如果經銷商沒有亂價竄貨等行為，就可獲得至少 3%以上的返利，如果經銷商通過各種不規範手段把銷量衝上去，也只能獲得 1%的返利，銷量再大經銷商也是得不償失。當然如果既能超額完成銷量，又沒有亂價竄貨行為，經銷商的獲利是最大的。

當然，以上各種獎勵項目應當根據廠家不同的市場開拓目標和產品的生命週期而有所側重，讓經銷商明白，現階段生產商的重點要求是什麼。例如，在產品導入期時，消費末端拉力不足，須倚仗經銷商的努力方可進入市場，此時不妨提高返利額度，鼓勵市場鋪貨率、佔有率、生動化等指標的完善和提貨量的完成；而在成長期，重在打擊競爭品，要加大專銷、市情回饋、配送力度、促銷執行效果等項目的獎勵比例，同時輔以一定的銷量獎勵；到了成熟期，末端拉力強勁，銷量較為穩定，就應重視通路秩序的維護，返利應以守區銷售，嚴格遵循價格體系規定出貨為主，銷量獎勵起輔助作用，

而此時廠家的精力應放在培養自己的銷售隊伍去做無孔不入的鋪貨率、生動化、滲透率以及開發邊遠週邊空白區域等工作上。

此外，正常情況下各種獎勵不要同時使用，否則會使企業的經銷商覺得價格政策過於繁瑣，甚至成為和企業討價還價、增加企業銷售成本的一個名目。

2.暗返利

暗返利是借鑑「即開型」彩票，在每個季度（可選用一個時間段），廠家分別和經銷商、分銷商簽訂返利協議，其中返利的數字必須用黑色遮住。簽約時，經銷商和分銷商都不知道返利的具體數字，在結算返利時，經銷商和分銷商都有資格知道返利是多少。經銷商和分銷商的返利都由廠家支付。

3.多用實物獎勵少用現金獎勵

在返利政策的兌現上，盡可能勿用現金，以防經銷商私自讓利亂價。多用貨品、生活用品、購物券、境內外旅行等形式來獎勵；或獎勵電腦、交通工具等有助改善經銷商經營條件的經營工具更佳。

4.設置附帶條件

為了防止返利成為「竄貨」、「砸價」的支持力量，在制定返利時，一定要考慮加上一些附加條件。比如，對一批商不許跨區域銷售，不許拖欠貨款；對二批商要嚴禁降價銷售，一、二批商要共同維護市場，不許違反製造商的規定等。否則，一經發現，皆按規定減小利潤空間的讓渡直至取消。

5.嚴格監督

派出專門的市場巡查人員，定期或不定期地到經銷商的經營場地檢查、巡視，一方面能防止經銷商的違規操作，一方面也可以在業務上給予經銷商指導。

促銷工具 \ 對策

　　返利政策是企業針對經銷商普遍使用的一種促銷方法。而且企業往往使用的是階梯式的返利政策，即銷量越高，所得的返利比例也越高，因此很多經銷商爲了把銷量做上去，特別是當廠家的產品佔領市場後，廠家銷售工作的重點轉向穩定市場，各經銷商在限定的區域內，無法在限定的時間完成一定的目標時，他們很自然地就會進行跨區竄貨。經銷商會提前透支返利，不惜以比進價更低的價格銷售商品，平進平出甚至低於進價批發。結果，經銷商之間頻繁竄貨，最後導致價格體系混亂甚至崩盤。

　　因此，返利政策作爲企業激勵經銷商不可或缺的工具，其實施的關鍵在於如何在提高產品銷量的同時控制返利政策負面影響，防止價格體系的混亂以及竄貨的發生。這是所有實施返利政策的企業都最爲關注的問題。

促銷工具 \ 案例

　　可樂公司對經銷商的返利細分爲五個部分：年扣、季度獎勵、年度獎勵、專賣獎勵和下年度支持獎勵，除年扣在合約上明確規定爲 1% 以外，其餘四項獎勵均爲「暗返」，即事前無約定的執行標準，事後才告知經銷商。

1. 季度獎勵

　　這是對經銷商前三個月銷售情況的肯定與獎勵。季度獎勵在每一季度結束後的兩個月內，按一定比例進貨時以產品形式給予。季度獎勵能促使廠家和經銷商在每個季度合作完後，對前三個月合作的情況進行反省和總結，相互溝通，共同研究市場情況。可樂公司

在每季度末，派銷售主管對經銷商業務代表培訓指導，幫助落實下一季度銷售量及實施辦法，增強相互之間的信任，兌現相互之間的承諾。另外，季度獎勵也可以對經銷商後三個月銷售活動起到很好的支持。

2. 年扣和年度獎勵

這是對經銷商當年完成銷售情況的肯定和獎勵。年扣和年度獎勵在次年的一季度內，按進貨數的一定比例以產品形式給予。

3. 專賣獎勵

這是經銷商在合約期內，在碳酸飲料中專賣某品牌可樂系列產品，在合約結束後，廠方根據經銷商銷量，市場佔有情況以及與廠家合作情況給予的獎勵。在合約執行過程中，廠家將檢查經銷商是否執行專賣約定。專賣約定由經銷商自願確定，並以文字形式填寫在合約文本上。

4. 下年度支持獎勵

這是對當年完成銷量目標，繼續和百事可樂公司合作，且已續簽銷售合約的經銷商的次年銷售活動的支持，此獎勵在經銷商完成次年第一季度銷量的前提下，第二季度的第一個月以產品形式給予。

同時，百事可樂公司在合約文本上還規定每季度對經銷商進行如下項目的考評：

(1)考評經銷商的實際銷售量；

(2)經銷商銷售區域的市場佔有率情況；

(3)經銷商是否維護百事產品銷售市場及銷售價格的穩定；

(4)經銷商是否在碳酸飲料中專賣百事可樂系列產品；

(5)經銷商是否執行廠家的銷售政策及策略；

(6)季度獎勵發放之前，經銷商對下一季度銷售量及實施辦法的落實。

此外，為防止銷售部門弄虛作假，公司規定考評由市場部、計

畫部抽調人員組成聯合小組不定期進行檢查，確保評分結果的準確性、真實性，做到真正獎勵與廠家共同維護、拓展市場的經銷商。

29

津貼促銷

促銷工具　　介紹

　　津貼是廠家給予經銷商一定的金額補貼的一種促銷方式。通常以每箱爲單位，如果經銷商爲廠家做一些促銷活動，廠家就會給經銷商一些補貼，津貼用來支付媒體宣傳費用、貨架擺放費用、小冊子、優惠券費用、櫥窗海報費用、展示費用及其他零售促銷費用。

　　津貼能夠加強廠家與經銷商之間的聯繫，培養經銷商的合作意願，促進產品在市場中的銷售，並提升產品的競爭力。同時，還能幫助經銷商實現階段性的銷售目標，如減輕庫存壓力、提升進貨量等。

促銷工具 ＼ 疑難雜症

一、津貼的主要構成

1.廣告津貼

廣告津貼包括售點廣告津貼和大眾廣告津貼，即廠家給經銷商一筆錢，作為其在銷售現場佈置售點廣告的費用或產品在當地媒體做廣告的費用。以清涼混合飲料為例，3月15日～5月1日期間經銷商所購買產品，廠商提供每箱100元的津貼。經銷商在此期間購買產品，即可得到廠商的一筆預付款或獲得一項折扣，用於在當地做廣告。廣告津貼通常以支票形式直接支付給經銷商，有時亦可在發票中扣除。

2.合作廣告

即廠家和當地的經銷商合作，各出一部分錢，支援廠家的產品在經銷商的銷售區域做大眾傳媒廣告宣傳。合作雙方需要簽訂書面合約，規定各自付費的比例和廣告宣傳的內容。

3.陳列展示補貼

廠家如果要求經銷商把其產品陳列在特殊的位置上，如把商品大量陳列在走道兩旁，或櫥窗展示，或在店頭設置專櫃陳列，一般要付給經銷商補貼費。對陳列品的要求一定要事先與經銷商說清楚，如陳列品一定要達到多少數量，或在什麼位置，或一定要佔多大樓面空間才合格等，並且要以文字的形式記錄在案，以此作為對經銷商的考核標準。

4.促銷補貼

即指廠家為了協助商場搞好促銷活動，擴大本企業產品的知名度和銷售量，而給予商場的一種資助。這種資助主要是通過價格減

讓和促銷費用分攤兩種方式來實現。如根據零售企業的促銷計畫，對某產品降價 10%進行促銷，供應商為了鼓勵促銷活動，將其供應價相應地下調 5%，以加大商場的促銷力度，這 5%就是一種促銷補助。

5.示範表演和現場諮詢補貼

如果廠家派人在銷售現場進行演示或進行現場顧客諮詢服務，一般來說要付給批發商或零售商一定的補貼。

6.點存貨補貼

點存貨補貼的辦法是：促銷活動期通常是 60 天～90 天，活動開始時經銷商盤點存貨量，再加上進貨量，減去促銷活動結束時的所餘庫存量，其差額就是廠家應該補貼的實際銷貨量。

例如，廠家同意在 9 月 1 日～10 月 30 日的促銷期內，批發商每賣出一箱產品給予補貼 2 元。9 月 1 日盤點存貨時是 200 箱，促銷期內又進貨 200 箱，總計 400 箱。到 10 月 30 日促銷活動結束時，清點庫存還剩 100 箱，一共賣出 400 箱－100 箱＝300 箱，於是廠家補貼給經銷商 300×2＝600（元）。

7.恢復庫存補貼

在點存貨補貼結束後，零售商或批發商通常不太願意進貨，為解決這個問題，廠家往往開展「恢復庫存補貼」，其操作辦法還是以該產品為例來說明。

在上例中，在點存貨補貼結束時，批發商還剩 100 箱的庫存，廠家這時候規定，如果經銷商把庫存恢復到當初 200 箱的水準，即進貨 100 箱，每箱可得 1 元的補貼。另一種做法是，廠家規定經銷商必須把庫存恢復到過去最高的庫存水準 400 箱，也就是經銷商要進貨 300 箱，廠家才給予每箱 1.5 元的補貼費。

8.退貨補助

廠家對經銷商銷路不暢的商品進行退貨而給予的在運輸費用等方面的分攤和補貼。這是廠家為鼓勵經銷商大規模進貨而採取的一

項措施。

9.代銷

廠家把產品交給經銷商銷售，如賣完，經銷商就付款；如未賣完，則把剩餘產品退還給廠商。

10.延期付款或分期付款

經銷商先進貨，過一段時間後再向廠家付款，或分幾期向廠家付款，廠家等於把貨款未付期的利息補貼給了經銷商。

二、津貼的實施要點

1.經銷商索要津貼需提供證據

經銷商必須用已履行的證明，如廣告刊出的剪報或確已刊播的證明書或商品陳列照片等作為對廣告津貼或陳列津貼要求的憑據，以保證津貼的有效性。

2.注意衡量津貼促銷的成本與收益

廠家要仔細掌握每個經銷商那裏每種產品的總利潤率。在計算時，將補貼、上線優惠、大宗購買優惠和其他貿易折扣從經銷商出售的價格中扣除，得到的便是給經銷商的淨售價，再減去生產及促銷成本，最後就得到該經銷商銷售該產品對生產商的業務貢獻。

3.補貼要針對具體的目標

如果可能的話，補貼的使用應該要針對具體目標，例如額外擺放補貼、額外廣告補貼等，這也不難做到。

促銷工具　對策

　　津貼支持常會使經銷商形成習慣。一旦開始這種津貼支持，經銷商就會開始期望將來的津貼。當廠家想發動新一輪促銷推廣而不進行津貼補助時，經銷商通常不願合作。

　　再者，原來補貼是由廠家決定，而現在越來越多地是經銷商說了算，索要的種類和數額也越來越多。多數經銷商都有一套包括貨架擺放和櫥窗海報等等在內的促銷收費標準，而且越來越多地收取加列商品名錄費、售商自製的雜誌贊助費和廣告贊助費等等。隨著電子收銀系統發展，即便中型的經銷商也可以確切地掌握賣場裏某一位置能售多少商品，並依此向生產商要價。

促銷工具　案例

　　某企業為確保賣場優先陳列其產品，增加產品的曝光機會，特推出了以下的津貼方法：

　　1.陳列期間：5～8月。

　　2.陳列台數：陳列期間每個店面至少應陳列10台以上，其中A品種不得少於3台。

　　3.陳列獎勵：3000元。

　　4.陳列鋪貨：為在5月份完成店面陳列，零售商5月份最少須進貨50台。

　　5.陳列檢查：

　　(1)業務代表於6月10日前將零售終端店面陳列產品的「彩色相片」一張，寄回企劃部存查；

　　(2)公司不定期派人前往零售終端檢查是否依協定內容陳列；

(3)未遵守上述兩項約定者，取消獎勵。

6.陳列獎金頒發：

(1)於 9 月 30 日新品發佈會時頒發；

(2)同時頒發「陳列優良」獎項、「銷售成績優良」獎項。

30

帶貨銷售法

促銷工具　介紹

「帶貨銷售」一般是指銷售管道成員以走量的暢銷產品，帶動其他非暢銷產品銷售的行為。帶貨銷售促銷，就是指一些賺錢但知名度不高、不好銷售的商品，通過搭銷量好但不賺錢的知名商品的便車來達到迅速打開市場、擴展銷量的目的的一種促銷方法。這種方法常被中小企業來採用。

長期以來，「好銷的產品不賺錢，賺錢的產品不好銷」，一直是令經銷商和零售商頭痛的問題。「好銷的產品」，一般是知名大品牌已進入成熟期的一種或幾種非常暢銷的產品，但參與的經銷商和零售商就比較多，所以通路環節的利潤也就越來越薄，幾乎接近「賣穿」，從而形成「產品雖然好銷，但不賺錢」的局面。

「賺錢的產品」，一般是中小企業的新產品，一方面新產品留給通路環節的利潤比較高，另一方面因為參與的經銷商和零售商比較

183

少，價格不會很快透明，所以經銷商和零售商有錢可賺。但因中小企業在市場上缺少知名度，產品並不好銷，所以形成「產品雖然賺錢，但不好銷」的局面。

在賺錢與好賣的夾縫中，中小企業的機會來了。「帶貨銷售」的最大作用，就是利用經銷商的「通路推力」，最大限度地減少新產品進入市場的鋪貨阻力，使新產品快速抵達管道的終端，從而儘快與消費者見面。「帶貨銷售」對經銷商的好處也是明顯的，經銷商可以將好賣的產品用來走量，以完成大廠家的銷售任務，拿到返利和獎金，同時，也可以用賺錢的產品，也就是中小企業的產品來保持利潤，一舉而兩得。這樣，中小企業便巧妙借助大品牌和經銷商的力量，毫不費力完成了其終端佔領。

促銷工具　疑難雜症

一、帶貨銷售的適用情況

「帶貨銷售」只能作爲一種非常規的手段來使用，而不能將其作爲常規的推廣手段。因爲帶貨銷售的機會不是總存在的，往往是可遇不可求的，而且作爲一種搭別人便車的策略，是有一定風險的，操作難度也比較大。

一般來說，「帶貨銷售」只有在非常時期有必要採取非常規手段時使用。在以下幾種情形下可以考慮「帶貨銷售」的策略。

1.新產品入市困難

由於新產品剛入市，銷售前景不明朗，很可能遭到零售終端的拒絕，此時，廠家如果不借力，則新產品要麼無法進入市場，要麼週期很長、代價很大。

184

2.鋪貨嚴重滯後於廣告

廣告已經做好事先宣傳，而新產品的鋪貨遇到意想不到的困難，導致鋪貨嚴重滯後於廣告。為了使鋪貨有效地配合廣告，就必須迅速將產品鋪貨到終端，這時就不得不借力。

3.銷售旺季臨近

臨近產品銷售旺季，時間緊迫，如果按部就班地進行鋪貨與推廣，因週期較長就會錯過銷售旺季。這時，就不得不考慮通過「帶貨銷售」，迅速將產品鋪貨到終端。

4.進入大賣場受阻

對於中小企業來說，新產品要進入大賣場是不容易的，有時必須通過有實力的經銷商「帶貨」才能進入大賣場。

當然，若中小企業恰巧遇上一個絕好的帶貨機會，當然要為我所用，從而可以更經濟地進行新產品的前期推廣、更快速地進入市場，促進銷售。

二、帶貨銷售的實施前提

帶貨銷售是雙向選擇的問題，被帶的一方希望找到有實力的經銷商來帶貨，而帶貨方希望所選擇的被帶商品利潤高，容易被帶動。只有符合了雙方的條件，帶貨促銷才能實現。具體的來說，包括以下幾點：

1.雙方的目標顧客群和市場區域吻合

經銷商所代理的暢銷產品的目標顧客群要與企業的目標顧客群相吻合，經銷商網路所覆蓋的市場區域要與企業的目標市場區域相吻合。只有這樣才能達到「帶貨銷售」的效果。

2.經銷商具有帶貨的能力

要使「帶貨銷售」成為可能，首先要找到具有帶貨能力的經銷

商：只有掌握了至少一種暢銷產品的經銷權，並以此建立了穩固的銷售網路的經銷商才具有帶貨能力。而且，最好經銷商只帶一家企業的產品，這樣才能將重點放在該企業的產品上。

3.經銷商具有明顯的帶貨動機

如果經銷商所代理的暢銷產品價格接近「賣穿」，利潤越來越少，經銷商幾乎成了「搬運工」，那麼他很可能會具有帶貨的意願，願意帶貨銷售。此外，有些經銷商為了達到既定的銷量獲得廠家的返利，往往會無奈地採取降價的策略以擴大產品的銷量。在這種情況下，經銷商非常樂意帶銷一種利潤較高的產品，這樣不僅彌補其降價的損失，同時又因為降價促進了產品的銷量而獲得廠家的返利。

4.被帶商品能激起經銷商的興趣

經銷商要對帶銷的產品比較感興趣，積極性高，才會積極推進產品銷售。

⑴經銷商能獲得較高的利潤

對新產品來說，要使經銷商有「帶貨」的積極性，必須給經銷商比較高的利潤，否則，即使經銷商具有帶貨能力，也不會願意帶貨。但是，給經銷商的利潤也不能過高，而且給經銷商的利潤必須是可控的。否則，就會造成市場價格混亂、竄貨等現象的發生。

⑵被帶商品要有局部優勢

具有競爭優勢的產品更容易獲得暢銷產品經銷商的青睞，同時，只有具有一定競爭優勢的產品也才能啟動零售終端，真正地啟動市場。對於中小企業來說，難以在產品力上取得區別於競爭對手的全面優勢，但產品一定要在功能、包裝、分量等某一方面有區別於競爭對手的局部優勢，並且沒有明顯的劣勢。這樣產品才能被輕易帶動，經銷商才願意帶貨。

5.雙方資源能夠互補

若雙方的資源能夠互補，實現網路資源分享，對雙方長期、穩

定的合作非常有利。這是最佳的方案，但一般不容易找到。例如，某生產氧吧的小企業與國內某著名冷氣機生產企業合作，為其所有網路提供贈送顧客的氧吧，這便是典型的互補，中小企業需要終端網路，而眾所週知，冷氣機容易引起因缺氧而導致的冷氣機病，雙方存在互補的關係，一直到現在，兩家企業合作都非常成功。

三、帶貨銷售的操作要點

1.有策略地選擇帶貨經銷商

「帶貨銷售」作為一種中小企業「搭便車」的策略，是借了暢銷產品的光。在選擇暢銷產品時，要注意以下幾點：

(1)盡量選擇非同類產品帶貨

選擇非同類產品帶貨比選擇同類競爭產品要好，因為同類產品的競爭對手時刻都在注意自己的舉動，以便於反擊。選擇同類競爭產品帶貨，容易引起競爭對手的察覺。

(2)盡量選擇用幾種產品來帶貨

選擇幾種產品來帶貨比只選擇一種產品要好。一方面，對於進貨的經銷商和零售商來說，有多種方案可供選擇，則更容易接受些；另一方面，相對於集中用一種產品來帶貨，分散用幾種產品來帶貨，則更不容易引起競爭對手的察覺。

(3)盡量選擇非本地產品來帶貨

選擇非本地產品來帶貨要比選擇本地產品來帶貨要好，因為本地產品很容易察覺被人「搭便車」。

(4)盡量選擇「小塘裏的大魚」

有些企業雖不大，但其產品在某些區域市場特別好銷，具有很強的「帶貨力」，但因規模小，往往沒有自己的終端隊伍，對市場的管控不嚴，主要是依靠經銷商來銷售。

(5)**不要破壞「被借」產品的價格體系**

如果破壞了「被借」產品的價格體系，很容易引起對方的市場報復。

2.**以優勢產品先行切入市場**

如果被帶貨產品是一個系列，那麼企業必須從中選擇一個產品力最強、最具競爭優勢的產品作爲主打產品，並先利用此產品來打入市場，通過終端運作，站穩腳跟，鎖定一定數目的消費群體。然後，企業再順著主打產品打開的銷路，有計劃、有步驟地將其他產品逐一迅速地滲透到目標市場，達到整個系列產品順利鋪貨的目的。

3.**帶貨比例要適當**

通過暢銷產品帶貨，帶貨比例不能過大，所帶產品的銷售額佔用帶貨產品的銷售額的比例，最好不要超過 20%。這是因爲剛上市的產品銷路有限，帶貨多了可能會造成滯銷的現象，也會加大經銷商及其下線的風險，從而遭到經銷商的排斥。而且，帶貨的最終目的也是爲了迅速地鋪貨，使消費者能在終端賣場見到產品，而非通過帶貨擴大眼前一點點的產品銷售量。

所以，要制定合理的帶貨比例，並且要控制帶貨總量，不要造成產品在零售終端積壓。要使新產品抵達終端的售點多一點，而不是向一個點壓很多貨，這樣只會把通路壓死。

4.**要注意控制產品的流向**

由於中小企業實力有限，其適合採用「集中優勢兵力，各個擊破市場」的策略。因此，企業要控制好產品的流向，避免將產品流入企業目前無力顧及、暫不準備啓動的區域市場。因爲對於一個新產品，如果沒有跟進的市場推廣與零售終端宣傳相配合，終端銷售是難以啓動的。而銷出去的貨物只會滯留在通路。

因此，企業最好每階段集中於一點，把區域市場做深做透，再有計劃有步驟地向其他區域滲透。另外，對於用來帶貨的產品來說，

因其是暢銷產品，它所覆蓋和輻射的市場區域往往會遠遠大於企業現階段準備做深做透的區域。如果企業不特意控制產品的流向，產品很可能就會大量流向企業目前無力顧及的區域市場，從而為後階段的市場推廣造成隱患。

5.啓動終端市場，控制市場

「帶貨銷售」並不能解決啓動零售終端銷售的問題。新產品入市，最重要的生死關就是終端銷售。能否啓動終端市場，形成良好的終端銷售，並形成良性循環，對最終能否成功地啓動區域市場起著決定性作用。而且企業和經銷商畢竟分屬不同的利益主體，雙方存在多方面的矛盾，衝突難以避免。所以「帶貨銷售」是一種「借網」策略，只是權宜之計，如果要不受制於人，必須建設好終端市場，真正掌握市場的主動權。所以，通過「帶貨銷售」鋪貨到位後，企業必須及時跟進終端推廣，啓動終端消費。

(1)建立助銷隊伍，協助經銷商工作

通過助銷的方式，派業務代表協助經銷商的市場推廣及銷售工作，既能提高經銷商的積極性，又能加強對各環節的服務與監控，從而使得自身的產品能夠及時、準確地到達零售終端。同時又最大限度地管理控制了經銷商，規範了經銷商的市場行為，確保各項市場及銷售政策的高效實施，如此就避免了市場價格混亂、產品覆蓋率太低、竄貨等現象的發生。其實，協助經銷商也就是最好地控制經銷商。

(2)牢牢掌握終端客戶，最大限度控制零售終端

終端零售商是最重要的銷售網路資源，要掌握市場主動權，重要的一條就是把終端零售商控制住。誰控制了終端零售網路，誰就控制了市場。

因此，企業的業務代表還要深入市場終端，加強產品陳列、理貨等終端售點工作，提高產品「市場展露度」，在終端市場進行各種

各樣的宣傳促銷活動，提高產品的出貨率，激發消費者的購買欲。如此直接接觸零售終端，零售終端就被企業牢牢控制了。

促銷工具　對策

現在，對於擁有暢銷產品的知名企業來說，直接掌控終端、加強終端建設的企業越來越多，經銷商對終端的作用和影響力也就越來越弱。如此，中小企業「帶貨銷售」的機會只會越來越少，「搭便車」也就越來越不容易。

因此，若中小企業能與暢銷產品的廠家從源頭上進行合作，不僅可以達到銷售產品的目的，而且合作關係也會更長久、更穩定，這種方法比「帶貨銷售」更有效，但是也不易實現。在這種情況下，中小企業相互之間相互合作，資源分享也是一個不錯的方法，如此「弱弱合作」則變強，也就無需再去搭暢銷產品的便車。

促銷工具　案例

某奶粉廠家在開拓市場的時候遇到了很大的阻礙，原因是該奶粉在市場上是一個新產品，沒有知名度。區域經理幾經努力，終於找到一家對其產品比較感興趣的經銷商。原來他做了幾個暢銷產品的市場總代理，其中包括一個速食麵代理，此速食麵雖銷售火爆，但價格幾乎已經賣穿，根本無利可圖，而且銷售任務尚未完成，在年底很可能拿不到返利。該區域經理瞭解情況後，仔細研究想出了一個好主意：即用好銷的速食麵來帶動好賺的奶粉，也就是「帶貨銷售」。這樣，雙方都有利可圖了。此方法也得到了老闆的讚賞，於是，兩人一起精心策劃了一個一舉多得的方案：

1. 速食麵的價格降下來，什麼價進就什麼價出，爭取年底完成

銷量任務，拿到廠家的返利。

2. 速食麵的價格也不能白白降下來，可以用速食麵來帶動奶粉的銷售，每進 15 袋速食麵必須搭進 1 件奶粉。

另外，區域經理為了穩住老闆，向老闆承諾：一個月內，只要奶粉能在 80%的零售終端鋪貨到位，並進入兩個大賣場，因速食麵的價格降下來所造成的損失全部由奶粉的廠家來彌補。

速食麵的價格降下來後，對老闆的下線經銷商和零售商很有吸引力，下線經銷商都比平常加大了進貨量。在低價的情況下，對同時搭進 1 件奶粉也能接受，更何況這奶粉從包裝和口感來看，好像還不錯，價格也不貴。

一個月後，奶粉在 80%的零售終端鋪貨到位，並進入兩個大賣場，而且由於老闆與大賣場的關係，進入大賣場的入場費也省了不少錢。而老闆也因為把速食麵價格下調，增加了產品的銷售量，成功地完成了銷售任務，當然也拿到了廠家的返利。

奶粉鋪貨到位後，區域經理立即組建了一支助銷隊伍，協助經銷商老闆工作。助銷隊伍深入市場終端，做好產品陳列、理貨等終端售點工作，在零售終端進行各種各樣的宣傳促銷活動。三個月後，市場被成功啟動。同時，因奶粉的銷售勢頭看好，為老闆又增加了一個新的利潤增長點。

31

信用賒銷法

促銷工具　　介紹

　　信用賒銷是指製造商（債權方）在同賒購產品的客戶（債務方）簽訂購銷協定後，讓客戶先將本企業的產品取走，客戶在協定規定的日期內付款或以分期付款形式如約付清貨款的銷售方式。信用賒銷主要運用於生產商對經銷商或中間商的促銷，有時也運用於針對企業用戶的促銷，但一般不會運用於最終消費者促銷。

　　最近幾年來，以買方市場為特徵的競爭環境日益明顯，信用賒銷結算方式已成為一種普遍應用的交易形式。

　　利用信用賒銷進行銷售的優勢有以下幾方面：

　　1.能夠刺激購買力，對那些資金暫時有困難的買家，賒賬無疑具有強大的誘惑力；

　　2.能夠提高賣方的競爭力，一家有能力賒銷的企業顯然比沒有賒銷能力的企業具有更強的市場競爭力；

　　3.賒銷能夠起到穩定客戶的作用，對信譽好、實力強的客戶提供賒賬作為優惠條件，為保持長期穩定的客戶關係提供了保障；

　　4.賒銷能夠減少企業庫存，形成生產和銷售的良性循環。

促銷工具　　疑難雜症

一、降低賒銷風險的要點

　　信用賒銷能在短時間內將產品賣出，但關鍵是賣出去的產品能否收回貨款，這也是實施賒銷促銷的最大風險。要把賒銷的風險降低，必須建立起嚴格的信用審查和管理制度，對信用賒銷實施事前、事中和事後控制。

1.客戶資信評估機制

　　企業的利潤來源於客戶，但風險也同時來源於客戶。客戶資信評估就是對往來客戶的信用程度進行評價。

　　評估的內容包括：

　　(1)客戶的品質、商業信譽、經營作風及與公司業務往來歷史；

　　(2)客戶的資本實力、資金運作情況尤其是流動資金週轉情況；

　　(3)客戶的經營性質、歷史、經營規模、行銷能力；

　　(4)客戶的經濟效益、資產、負債比率等。

　　設定每項評估內容的標準，並依此對每個客戶評分、評級。為了確保評估的有效性，評估工作最好由專業的資信評估機構完成。

2.根據評估結果確定信用額度

　　首先，根據客戶的信用狀況給予不同的信用額度，通過電腦信用分析模型快速、科學地做出信用決策，同時與客戶信息庫及監控工作進行系統整合集成。

　　其次，企業還必須有自己嚴格的標準合約文本，非標準文本則要經過嚴格評審，儘量避免條款出現漏洞。

　　為了能夠儘早回收資金，降低經營成本，可以靈活地採用多種形式如滾動式、月結、季結等。此外，可採用現金折扣、折讓等方

式鼓勵客戶儘早償還貨款。

3.完善應收賬款控制制度

對應收賬款進行即時監控，定期與客戶對賬，保持賬務清晰，減少客戶拖欠貨款的藉口。如果是因為信息的不對稱性，對因簽約前信息掌握不足或情況變化造成不能履約的情況，必要時應採取措施以免導致更多的呆賬。而且，在賬款回收上應有專門的考核指標體系，及時發現問題進行糾錯。在這一點上，可針對不同的銷售業務採取不同的核算方法和程序，以便採取不同的管理對策。

4.信用跟進和監控

實施信用賒銷後，應同時採取監控，防止信用超期。對於超期客戶，通知倉庫停止發貨，並派人負責追討，但要有藝術、講方式地進行提醒催付。企業的收賬方式一般包括信函、電話催問、個人訪問和法律行動等。

二、信用管理的技巧

1.設立合理的信用管理組織機構

目前，企業信用管理問題頗多的主要原因在於沒有專門的機構或專門人員全程跟進，所以最終導致職責不清，互相扯皮。因而，在企業內部設立專門的機構或指定專門人員全程負責對客戶信用評估、對信用期限及方式的建議、監控等。

2.制定信用和收賬政策

對信用評估方法、信用等級制度、授信制度、職責的劃分等做出詳細、具體的規定，加強信用管理活動制度化和透明度。

3.實行一人責任制

第一經手人對所經手未收款項負有責任，並與其業績考評、個人收益相掛鉤。

促銷工具　對策

賒銷無疑會增進產品的銷量，但不良賒銷會造成企業資金不足、週轉困難，實際利潤降低，嚴重制約和威脅著企業的生產和發展，企業因為被他人拖欠和賴賬而最終倒閉破產的情況很多。更多的企業陷入相互拖欠、壞賬的泥潭，每年經營的利潤還不夠償還銀行的利息，根本沒有力量擴大發展。所以，採取賒銷形式促銷一定要慎之又慎，防止造成呆賬壞賬。信用賒銷必須建立在較強的信用管理能力的水準上。

促銷工具　案例

醫藥行業95%的交易都是以信用銷售的方式完成的。1990年～1998年，某製藥股份有限公司由於應收賬款不能及時收回，導致企業幾乎倒閉。特別是1993年，一年就減少了1.1億。從1999年開始，該公司認真地抓了信控工作，情況明顯改善。

某製藥股份有限公司首先將其原來客戶的資信狀況和銷售能力進行了全面調查分析，最後篩選出信用好的客戶開展信用賒銷業務。在銷售中，公司嚴格按照預先為每個客戶評定的信用限額發貨，並嚴格監督每筆賬款的回收。該公司的具體做法是：

1. 篩選客戶，將原來800多家客戶減至目前的400多家穩定客戶；

2. 與客戶簽訂2001年協定，與合約一起雙重規定買賣雙方權利義務；

3. 資信限額控制每份合約的發貨，使總在途資金控制在允許範圍內；

4.由銷售人員督促客戶收貨、收發票確認;定期與客戶對賬,保持賬務清晰,減少客戶拖欠貨款的藉口。

該製藥股份有限公司通過強化內部信用風險管理,採取事前、事中和事後的全過程信用管理,有效地控制了拖欠賬款的發生,同時保障了銷售額的穩步增長。該公司自實行信用管理以來,銷售額每年增長 30〜40%,而逾期應收賬款卻每年下降 4%,真正使銷售與回款由「兩難」變成了「雙贏」。

32

進貨贈送

促銷工具　介紹

進貨贈送是指廠商根據客戶的購買數量,向其贈送一定數量的產品,產品可以是同類產品,也可以是其他廠家生產的產品,還可以是贈品券、折價券、抽獎券、優惠券等。進貨贈送一般運用於對中間商和零售商的促銷,主要目的是提高中間商和零售商的進貨意願,或使經銷商庫存快速轉移到批發商,提高產品的鋪貨率和銷量。

進貨贈送一般都採用坎級式的贈送辦法,即進貨量越多,所享受的優惠程度越高。例如,一次性進貨 1000 件,贈送 100 件市場旺銷產品;達到 2000 件,贈送 300 件;達到 3000 件,贈送 500 件,進貨的數量越多,對應的贈品比率就越高。

　　中間商與零售商是企業與最終消費者之間的橋樑，離開了中間商和零售商的支持，生產廠家的商品無法送達消費者手中，更無利潤可言。利用贈品促銷，可以增強中間商和零售商進貨的積極性，擴大產品的銷量。另外，贈送產品有利於維護企業與管道成員之間的良好關係，為生產廠商的工作帶來種種便利。例如，企業針對消費者的促銷活動離不開中間商和零售商的支持，對中間商和零售商進行隨貨贈送促銷，能夠很好地保證促銷活動的順利開展。再如，中間商尤其是零售商離消費者最接近，最容易掌握消費者的資料，做好與他們的客情關係，可以獲得更多有助於企業正確決策的消費者資料。

1.箱外贈送

　　廠商按照經銷商進貨數量的多少贈送一定數量的物品，這些贈品是放在箱外隨貨送出的，叫做箱外贈送。箱外贈送適用於中間商的促銷。

　　贈品通常是與產品有一定關聯的物品，比如購買調味品送廚房用品，也可以是與產品沒有關聯但與經銷商的日常生活或經營活動有關聯的，比如送掛曆、計算器、自行車、電腦等。有的廠商還抓住客戶追求新鮮刺激的心理，贈送當場兌獎的「刮刮卡」或贈送用來抽獎的「獎券」，將有限的資金發揮出最大的促銷效果。

2.箱內贈送

　　箱內贈送適用於對零售商的促銷，是將贈品或贈券放在產品的外包裝箱內，這樣贈品能順利地傳達到零售商的手中，讓零售商得到實實在在的實惠。因為零售商是管道中非常重要的環節，積極性高的零售商，既可以形成對市場的推動力，又可以形成對上游批發商的拉動力。因此，激發零售商的積極性是一種事半功倍的投入。

　　箱內贈送可以是一些體積較小的產品，也可以是用來抽獎的「獎券」，或能夠直接兌現的「刮刮卡」。

197

促銷工具 \ 疑難雜症

一、進貨贈送的適用範圍

進貨贈送通常適用以下幾種情況：

1.經銷商的庫存水準較高，資金壓力大，已影響到其他產品的經營，通過進貨贈送的辦法，帶動銷量，減小庫存的壓力。

2.批發商對新品缺乏信心，沒有積極地向零售商推薦，導致終端市場無法啟動。

3.新品上市，爲迅速啟動市場，對管道通路成員實施激勵。

4.產品批零差價小，批發商的經營意願不高，通過進貨贈送，增加批發商的利潤。

5.競爭產品銷勢強勁，通過進貨贈送，擴大銷量，搶佔更多的管道資源和終端市場，打擊競爭對手。

6.新產品有比較高的「價值感」，批發價格和零售賣場進貨價格普遍較高，影響零售賣場的進貨意願，或者導致市場零售價的上揚。

二、進貨贈送的實施要點

1.贈品的選擇

贈品選擇應該本著可變現和實用的原則，即贈送給中間商和零售商的贈品或者能夠賣出，爲他們帶來收益，或者可供他們在日常的生活或經營活動中使用，具有實用價值。這樣才能保證贈品的吸引力。

(1)選擇同類產品

同類產品對擴大產品銷量更有利。比如買 100 件產品送 2 件產

品。由於從所贈送的產品數量中很容易計算出本次進貨的實際折扣，因此，同類產品贈送從本質上看是一種數量折扣方式。事實上，同類產品贈送和數量折扣相比，是一個減少庫存的好方法，更易受到廠商們的追捧。

另外，選擇本品搭贈時一定要注意時機，避免新品一上市就使用隨貨搭贈。否則，通路很容易將搭贈的產品折算成單價，從一開始就使價格不穩；而且，後期如果想拿掉贈品進行正常出貨，會遇到很大的市場阻力。所以最好在第一波的陳列活動過後再進行進貨贈送。

(2)選擇旺銷產品

如果選擇本企業生產的旺銷產品贈送，以旺銷產品帶動新產品或銷量不佳產品，效果比贈送同類商品更好。因為旺銷產品更容易銷售，對提升店鋪的總體銷量也有幫助，因此對中間商的吸引力更大。比如，購買 100 件商品，贈送 3 件旺銷產品，購買 200 件產品，贈送 8 件旺銷產品。

(3)選擇與生產經營有關的產品

例如冷飲生產企業贈送冰櫃給經銷商，或贈送電腦幫助中間商或零售商進行日常經營管理，或贈送貨車方便中間商或零售商進、銷貨等。這不僅能提高產品的銷量，還能幫助管道成員改善經營管理設施、提高管理水準，可謂一舉兩得。

(4)選擇與日常生活有關的產品

如贈送雨傘、小電視機、電風扇、自行車等。在選擇這類商品時，要注意這些贈品要具有低價位、高形象的特點。低價位是指贈品採購價格不能超出預算，高形象是指贈品要有價值感。如：買 100 箱產品贈送自行車一輛、買 200 箱贈送 4 寸小黑白電視一台，自行車、小黑白電視給人感覺是大件商品，很有價值感。實際大量採購的價格很低，自行車 70 元左右，小電視機 100 元左右。

2.贈貨額度的設置

在確定了贈送的商品後，贈送多少產品同樣決定著贈品的吸引力以及活動的成敗。

(1)贈貨額度應該與進貨量呈正相關，即進貨數量越多，對應的增貨比率越高。如果贈品非常具有吸引力，也可採用等比率的方法。

(2)在確定具體的增貨比率時，需要同時考慮贈品的成本以及贈品促銷的效益，當然收益應該大於成本。

(3)切忌贈貨額度過大。有些企業爲了促進產品的銷量，盲目地擴大產品的贈貨額度，在贈品的吸引下，批發商往往會大批量進貨，雖然提高了產品的銷量，但是本地市場往往無法消化大批量的產品，而且由於批發商已經獲得了高額的贈品，產品的利潤已經得到了保證，所以批發商會以低價大量向週圍市場傾銷貨物，最終導致市場價格體系混亂，產品價格越賣越低。

3.促銷活動時間

進貨搭贈是典型的短期促銷活動，不可長期運用。這樣的促銷活動使用時間過長，中間商和零售商的依賴性會越來越強，企業以後想停止促銷就比較困難。所以，切忌長期使用。

4.贈品核算、給付

贈品核算、給付一定要及時。在累計進貨獎勵的情況下，企業或經銷商由於贈品庫存及內部稽核程序問題，往往會延期給付中間商的贈品。可是，這一問題如果長期沒有解決，就會嚴重打擊中間商對所經營產品的信心。

5.促銷活動監控

對於包裝箱外贈送，企業尤其要注意對活動的監控和管理，防止贈品不能實際到達批發商手裏。實際上，向批發商送貨、補贈品的工作是由經銷商進行的，因此，所謂「進貨搭贈」是首先隨貨搭給經銷商的，再由經銷商按批發商的實際進貨量將贈品搭贈給批發

商。如果監管不利，經銷商很容易將廠家隨貨搭贈本應給批發商的贈品據為己有，使活動失去促銷的效力。要解決這個問題，可採用的辦法有：

(1)企業要掌握批發商的電話，隨時抽查其獎勵落實情況。

(2)活動執行前，向批發商發放促銷宣傳單，並在宣傳單上註明公司電話。批發商可以拿著傳單找經銷商進貨拿贈品，一旦經銷商扣贈品，批發商便可打電話投訴。

促銷工具　　對策

進貨贈送是生產廠家普遍使用的一種通路促銷方法。該種促銷方法實施的關鍵在於贈品的選擇、贈送額度的設置以及贈送活動的過程控制。但是隨著通路競爭的激烈，本來是廠商給予中間商優惠的一種方式，現在卻演變為不得已而為之的行為。

面對著掌控銷售網路的經銷商和零售商，廠商挖空心思送出贈品，以獲取他們的好感，而同類產品的競爭對手也不甘示弱，造成贈品的檔次和數量越來越高，送出頻率越來越高，但中間商們的積極性卻難以激起來，還養成了他們對額外利益不斷追求的習慣。現在的廠商發現，中間商越來越需要額外的利益才肯履行其本來的職責，而且為了獲得更多的獎勵要求，中間商們甚至不惜使用各種方法來脅迫廠商。

所以，進行進貨贈送的促銷活動時，必須要做好和中間商、零銷商的溝通工作，在控制成本的同時，可考慮採用新的獎勵措施。

促銷工具 案例

　　洗滌用品公司曾針對洗衣粉在二級批發商和零售商之間進行了一次「酬賓銷售」。廠商根據不同的進貨規模給予不同的獎勵，使各種級別的批發商和零售商都能夠獲得利益，鼓舞了銷售的積極性。

　　1.購進 1 箱洗衣粉即可得兌獎券 1 張，憑兌獎券可參加抽獎(兌獎券數量為 125 萬張)。具體獎項包括：特等獎 50 名，奧林巴斯照相機 1 台；一等獎 500 名，全毛襯衫 1 件；二等獎 5000 名，獎 350 克加酶洗衣粉 1 箱；三等獎 12500 名，獎不銹鋼飯盒 1 個；四等獎 25 萬名，獎 350 克加酶洗衣粉 1 袋。

　　2.一次性購買產品 100 箱，另贈不銹鋼湯盆 1 套（5 件裝）。

　　3.累計購買產品滿 2 萬箱，另獎價值 2000 元的奧林巴斯照相機 1 台。

33

經銷商培訓

促銷工具　介紹

在「終端為王」的時代，經銷商是企業與消費者之間產品流通的紐帶和企業獲得市場利益的重要結點，經銷商的銷售能力以及其與企業配合的程度直接影響到企業的生存和發展。

通過培訓經銷商，可以統一經銷商認識，貫徹廠商意志；可以提高經銷商經營管理理論及實務水準；幫助經銷商訓練相關技能；激發經銷商合作熱情，增強管道滿意度，提高管道忠誠度，使廠商與經銷商形成強大的協作戰略聯盟。當然最終的效果是企業銷量的增長。

促銷工具　疑難雜症

一、經銷商培訓的適當時機

在以下幾種情況下，適合做經銷商培訓：

1.新管道、新市場開發時；

2.新產品上市時，新產品訂貨會便是一個很好的培訓時機；

203

3.執行新的行銷策略或管理模式時，爲了加深經銷商的理解，培訓必不可少；

4.經銷商經營遇到困難時，如產品滯銷或受到競爭對手衝擊。
冲击

二、經銷商培訓的方式

爲求得良好的培訓效果，企業可靈活運用多種方法，如：

1.企業建立銷售試驗田，做樣板市場，然後將經驗模式化，在經銷商中推廣；

2.利用網路技術，開設經銷商線上培訓系統；

3.開辦經銷商培訓學校，如惠普便設有經銷商大學；

4.對有突出貢獻的經銷商，送他到國外去進修、深造；

5.把企業內刊辦成一份專業的行銷與管理雜誌，給經銷商以指導；

6.顧問式銷售，銷售人員不是只會向客戶要訂單的人，而應該成爲銷售、市場專家，成爲經銷商的顧問，爲客戶出主意、想辦法；

7.成立經銷商商會，利用商會培訓、指導經銷商；

8.舉辦經銷商研討會，讓經銷商相互學習，共同進步；

9.聘請名人或專家開辦講座，給經銷商上課。

三、經銷商培訓的內容確定

經銷商培訓的內容應該根據經銷商的需求而定。經銷商的需求要通過調研去瞭解，而非組織者的主觀臆斷。通過調研將經銷商的需求進行匯總，並進行排序，選取回饋最多、符合自己企業戰略發展需要、具有現實意義的需求作爲培訓內容。具體如下：

1.對於經銷商內部的決策者，重點是經營理念和管理策略培訓，因為大多數的經銷商都在「投石問路，步履蹣跚」，希望儘快得到指點；

2.對於執行者，技能的需求十分迫切：比如普通管理者大都從基層提拔，他們一般沒有接受過系統的管理技能訓練，因此往往自己能做好但管不好下屬──他們需要管理技能訓練；

3.普通銷售員，企業往往只對他們進行企業文化、制度、技術操作類培訓，卻不注重銷售人員銷售技能培訓，這樣，他們就需要銷售技能訓練，否則他們會摸索得很辛苦，成績還不好。

四、經銷商培訓的操作步驟

1.經銷商溝通

經銷商畢竟不是企業下屬部分，所以事前必須和經銷商協調好接待人、時間、地點、相應資源及其他相關事項。

2.資源的申請、預算

到底需要多少費用，企業首先得預算一個可承受的上限，然後瞭解培訓行業的費用標準並選擇一位「性價比」相對適宜的講師主講。需要注意的是：若費用或培訓頻率比較高，需事先說服經銷商出一部分資源。另外，在向自己公司申請資源時，一定要向主管分析投入產出比，描繪培訓後的種種好處，並且一定要形成書面文字而不僅是口頭表達，否則想要到資源支持是很難的。

3.內部的協調

儘量說服高級主管出面協調內部關係。

4.講師的篩選

找一家專業的諮詢機構推薦專業、對口的講師，要盡可能得到講師授課品質保證手段或聽其試講，並在合約中註明講師考評與付

款掛鉤方式。

5.審查培訓設計

審查時重點關注設置的針對性，若是對任何企業都適用的方案，就立即退還。

6.與培訓公司簽約

注重違約責任的條款要事先註明，以防臨場換講師等問題的發生。

7.現場組織

開場做好引導，中場做好助教。在講師授課其間，瞭解學員感受，適時向講師回饋經銷商意見或建議，並做好經銷商的接待工作。

五、經銷商培訓的實施要點

1.課程要有吸引力

課程要演繹好，深入淺出，引人入勝，才能吸引學員。為此可以要求試聽講師或者看講師影像資料等，另外，在授課形式上要豐富多樣，多注意互動。而且場地要選在經銷商相對不熟悉、不能到處跑動的封閉場所進行。

2.根據特點、期望來設計內容

開展經銷商培訓，培訓內容的確定與安排尤為重要，只有切合實際的內容才能吸引他們。首先，課程設置必須要有衝擊觀念的「亮點」；其次，講師還得為學員準備簡單易行的表格或實戰工具，儘量不要使用專業術語，要使用通俗易懂的語言。他們不會也不願意浪費時間聽培訓者海闊天空地談論一些聽不懂的或不實用的東西。

3.講師知識鏈的設計要系統化、模組化

系統化保證經銷商能聽到一套完整的課程，模組化可令課程線索變得更明晰，容易吸收。

206

4.注意與經銷商的互動

培訓中要經常鼓勵經銷商談自己的想法、看法、感受，在交流中完成培訓。另外，培訓中要經常引用經銷商身邊的例子進行剖析講解，儘量不要講解國外的案例。

5.注意培訓的節奏

經銷商培訓不在內容多，主要在於其幫助作用，所以舉辦經銷商培訓要把握好節奏。要注意一個一個問題進行講解，在一個問題沒有解決前，不要提及第二個問題。在經銷商培訓過程中，切忌「快」。一快就會出現「填鴨式」的培訓，促使經銷商患上「消化不良症」，易急躁，不知所云。

6.時間控制

時間控制主要注意以下問題：

⑴經銷商培訓每次最好不要超過 2 天，每個培訓小節不要超過 1 小時。

⑵儘量不要安排晚上的培訓。

⑶案例剖析、互動溝通要佔到培訓時間的 80%以上。

7.現場指導培訓

經銷商培訓要多進行現場指導。一種方式是進行現場類比遊戲，進行角色互換培訓；一種方式是派業務經理或培訓人員到經銷賣場裏面進行規範指導。第二種方式是經銷商目前最希望的一種形式，這樣不僅可以節省自己的時間，而且更易解決問題。

現場指導可以幫助經銷商解決更多的銷售管理問題。如進行貨物陳列、店面管理、現場推銷、庫存管理指導，還可以進行管理銷售人員、激勵員工的培訓，如電腦知識培訓等。

8.改進跟蹤

對經銷商的幫助與指導還在於連續性與持久性，所以培訓內容完成後，廠家要定期進行培訓後業務改進跟蹤，幫助經銷商將培訓

內容徹底消化掉，最好是事前就與講師約定一月內再進行回訪或座談，解答經銷商實戰中碰到的種種問題。

促銷工具　對策

現如今，很多企業都非常重視經銷商的培訓，並從中嘗到了甜頭。但很多企業培訓沒有一個理性的認識，所以提供給經銷商的培訓往往並非是經銷商所需要的。有的企業一年為經銷商安排近十場課的培訓，試圖通過填鴨式的培訓來提升經銷商的管理水準，改造經營理念，殊不知由於學習安排不得當、內容過於陳腐、多個講師觀點的不一致等原因造成經銷商時間、精力超負荷，形成一些負面影響。

企業在選擇培訓時必須清楚：通過學習，希望達到怎樣的結果？如果企業把培訓當作一項長遠的目標，作為競爭的有效手段，建議企業最好建立自己的培訓體系，每年能針對性地設計一些固定的課程，由淺入深、循序漸進地去推進，當然要注意，也不能越多越好。

總之，要想辦好經銷商培訓絕非易事，因為經銷商群體的特點與期望決定了經銷商培訓內容的適用性和培訓形式的新異性，從而增強了經銷商培訓的工作難度。

促銷工具　案例

惠普公司是一家全球領先的提供計算、成像解決方案與服務的企業。1985 年，惠普公司在中國的公司成立，為了提升其經銷商的業務、管理能力，加上現有的經銷商隊伍整體素質不高，惠普公司於 1998 年創建了經銷商大學，旨在向經銷商傳授惠普的領先產品、技術及先進的管理經驗，以幫助提升經銷商的業務、管理能力。該

機構的設立是惠普一直關注其管道合作夥伴的成長與建設、一切以管道為中心的管理理念的直接結果。

惠普經銷商大學共設有技術學院、銷售學院、管理學院和師範學院四個學院，全面提升其經銷商的業務管理能力。惠普經銷商培訓的地點主要是在新建成的「惠普信息產品培訓中心」，該中心內部配置了惠普全線信息產品和現代教學設施。培訓的課程分產品培訓、技術培訓和經營管理培訓三大部分，教學方式靈活多樣，有案例教學、參觀教學、函授自修和研討等七種，所有經銷商的銷售人員、技術支持人員和經營管理人員均有機會參加這裏的培訓，在考核後成績合格的能得到認證資格證書，成績優秀的能獲得相應獎勵。

惠普的經銷商在激烈的市場競爭中，需要有一個這樣的加油站，這對提升他們的銷售額大有益處。培訓後經銷商在專業技術和管理水準上會有較大提高，對惠普產品也有較深的理解，這樣就能向用戶推薦最適合他們需要的產品，提供最完善的服務，也就建立了公司的良好信譽。同樣廠商也並不是將產品推給經銷商就完成了銷售，經銷商的經營水準直接關係到廠商的效益。並且由於經銷商在培訓中接受了惠普的經營理念，從而在行動上也更易於和惠普達成一致。另外惠普在培訓的獎勵制度中將經銷商所擁有的認證員工數量作為對其評獎的條件，這對提高管道的品質和規範性起到了一定作用。

34

銷售人員競賽法

促銷工具 　 介紹

　　銷售人員的銷售競賽即在一定的時期內，在銷售小組或銷售人員之間開展形式多樣的競賽活動，對競賽成績優異者給予獎勵，其目的在於振奮推銷員及其組織的推銷士氣。

　　銷售競賽以前主要在保險、信託投資、汽車、化妝品等行業中使用，而如今這種方法已被多數企業廣為採用，作為激勵銷售人員的一種手段。據調查，銷售人員有 60%的潛力是依靠企業的激勵政策激發出來的，由此可見銷售競賽是十分重要的一種促銷手段。實踐證明，其激勵效果頗佳。

　　開展銷售人員之間的銷售競賽，一方面為優秀銷售人員提供了一個獲得讚賞和承認的機會，也為其他銷售人員樹立了榜樣；另一方面還有利於提高銷售隊伍的士氣，激發銷售人員的工作熱情。這樣不僅可以提高銷售業績，還可以增強銷售人員的自信心和自尊心；同時，在競賽中銷售員為了爭取較高的銷售業績，必然會主動充實銷售知識，改善銷售方法，提高銷售技術，這也有利於銷售隊伍整體素質的不斷提高，促使優秀銷售人員不斷湧現。

促銷工具 疑難雜症

一、銷售人員競賽的實施目的

1.推廣企業的新產品

由於顧客對新產品缺乏瞭解，而且需要一個接受的過程，這增加了銷售人員的銷售難度。如果企業對新產品的銷售人員開展銷售競賽，並給予提成比率、培訓或贈品等方面的獎勵，將使銷售人員以更大的熱情推廣企業的新產品。

2.開拓市場，尋求更多的潛在顧客

爲了防止銷售人員在有了一定的客戶群後就滿足於現狀，不再致力於市場開拓，使企業喪失銷售機會，企業有必要運用銷售促進手段鼓勵銷售人員開發更多潛在顧客。

3.銷售非時令產品，增加產品總銷量

一些屬於時令性的產品在非時令季節銷售非常冷淡，對企業全年銷售的最大目標造成嚴重不利的影響。同時，推動時令性的產品在非時令季節的銷售也有助於企業降低庫存，合理安排全年生產。所以企業必須運用銷售促進以鼓勵銷售人員努力銷售非時令產品。

4.鼓勵銷售人員提供更優質的顧客服務

顧客和企業的交往有很大一部分是和企業的銷售人員進行面對面的接觸，銷售人員的精神面貌和服務水準直接代表了企業的服務形象。鼓勵銷售人員提供更優質的顧客服務是提升企業總體形象的一個重要方面。

二、銷售人員競賽的獎勵標準

根據競賽的目標確定競賽的獎勵標準。銷售競賽的獎勵標準有以下兩種：

1.銷售額指標

包括全部商品的銷售總額，特定產品的銷售額，特定行銷業務員的銷售額，相對上一期的銷售增長率和銷售額的目標達成率。

2.非銷售額指標

以其他事項為獎勵標準，包括銷貨回收比率，費用折扣佔達成銷售額的比率，新產品銷售工具或廣告訴求的創意水準，新顧客、新配銷通路的開發業績，商品陳列或行銷技巧，論文或研究成果的發表狀況。

三、銷售人員競賽的設計規則

⑴精心設計競賽細節，加大獲獎力度

進行銷售競賽時，要注意合理安排和設計競賽的內容、競賽的期限、獎項的設置，並盡可能讓更多的行銷人員以各種名義獲獎，以達到教育訓練的目的。

⑵合理設計競賽獎勵形式

銷售競賽的獎勵形式如給予獎金、獎品、額外報酬以及耐用消費品等實際的利益；也可以是精神層面的，如頒發獎狀、授予稱號、晉升、晉級等精神獎勵；還可以是綜合層面的，如免費觀光旅遊、帶薪休假、教育培訓等各種獎勵。在獎勵的設計中，要注意的問題是要把物質獎勵與精神獎勵結合起來使用，如果只有精神獎勵而無物質獎勵則往往對行銷業務員沒有吸引力，只有物質獎勵而無精神

212

獎勵則不利於敬業精神的宣導。因此，獎勵方式最好是在頒發獎狀或榮譽證書的同時，附帶發放一定的獎金和獎品，以同時滿足行銷業務員對利益和名譽的雙重追求。

對策

企業銷售人員競賽同中間商銷售競賽在操作步驟和方法上有很大的相似性，只是在具體的操作要素上存在一些差別。同所有的激勵措施一樣，銷售人員的競賽活動同樣要注意在激勵條件下可能產生的副作用，在發現問題後，要及時更改競賽規則，約束銷售人員的負面行為。

促銷工具　案例

作為美國 TSE Sport and Entertainment 公司總裁，Robert Tuchman 為他的銷售隊伍想出了一個與眾不同的激勵計畫。

在三個月中，公司將辦公室變成了一個虛擬的「美國國家足球聯盟」。Robert Tuchman 將 15 個銷售人員分成了三個隊，即 AFC East、NFC East 和 AFC West，在每個隊中，每週都舉行競賽。最終獲獎者將獲得「TSE 最有價值球員」的稱號，為了達到這個目標，公司每週都為每個隊打分。而且在公司裏專門有一個董事，記錄每個銷售員工的銷售業績。每當一個銷售員工完成了一個訂單，Tuchman 會親自向全公司的員工發出一封電子郵件，通告這個員工銷售了什麼，他在整個銷售隊伍的競爭中處在一個什麼位置。

Tuchman 則通過公司在 American Express 帳戶上的積分來獎勵隊員，這樣即節省了經費，還激起了員工的積極性。而獎品通常是諸如 DVD 播放機、音像設備、體育用品，以及音樂店和服裝店中的

213

禮品卡，最高獎一般是立體音響或一輛山地車。

但 Tuchman 發現，其實最具激勵效果的並不是這些獎品，而是這種競爭的方式。因為人們都有自我實現以及獲得尊重的需要，公司時刻告知銷售人員在銷售隊伍中的排名，成績優秀者會有成就感，而成績差者也會加倍努力，迎頭趕上。

TSE ˙的激勵獲得了較大的成功，他的激勵預算是在 15000～20000 美金之間，然而就在 9～10 月，公司的銷量增長了 400%。

35

樣品促銷

「樣品試用促銷」在國外被廣泛的使用，已證明是極成功的促銷手法，尤其是在「產品特性不容易解說」，「產品功能的確有優於競爭者」之狀況下，產品採用「樣品試用」促銷手法，功能有明顯效果。

消費者看到產品廣告，產生興趣，進行詢問、比價若干層面後，經過這一段時間，也許仍然尚未採取購買行動。通常，消費者對新產品的密集廣告或留有印象，可是馬上會付諸行動的究竟是少數。

促銷工具 ＼ 疑難雜症

　　消費者因陌生而產生的疏離感在所難免，在這個時候，免費試用品是越過這層藩籬的最佳助力，讓保守的消費者勇於來嘗試新配方或新口味，親身體驗新產品感覺；再者消費者從看到廣告到決定採取購買行動，要經過若干時間，而「樣品試用」促銷手法，會將消費者的決定購買時間予以縮短，使「樣品促銷」有立即性的影響。

　　令使用者深刻瞭解產品的特性，是促銷最成功的基本法則，因此諸如「展示活動」、「現場介紹」、「樣品試用」等，均是成功的促銷手法。

　　借著產品的現場示範，往往效果較佳，效率較高，所以當廣告都難以詳盡表達時，藉「免費試用」的舉辦來推介產品，最具成效，因為您只需展示產品的利益，即可獲得消費者的認同。

　　再者，「樣品試用」促銷手法，令消費者瞭解到產品特性，而儘快採取購買行為，但前提是市面經銷店已鋪貨足夠，否則，好不容易「樣品試用」後，消費者感覺滿意而想購買，卻在店內無貨可買，令廠商失望，得不償失。

促銷工具 ＼ 對策

　　消費者對產品的購買決策過程，是「知道」產品消息後，產品性能引起「注意」，並且感到「興趣」，再經過心中盤算後，可能去「諮詢」朋友、比價、參考等，之後下定決心而產生「購買」行動。這幾個階段結合起來，需要一段時間，高價位、複雜的產品，所需要的「決定購買」時間更長，而簡單、低價位的產品（如口香糖），所需要的「決定購買」，時間相對就縮短些。

採取免費(或酌收一些費用)的「樣品試用」促銷,目的就是縮短上述整個購買決策所需的時間,令消費者在「樣品試用」後,立即產生購買行為。

正確的採用「樣品試用」促銷,可快速獲致下列的行銷成果:

1.借著消費者對產品的試用,而刺激消費者的再度重覆購買(尤其是新產品)。

2.喚起消費者對產品的注意與興趣。

3.由於試用會喚起消費者的再度購買,故廠商的「樣本促銷」方法,此舉會提高經銷店的進貨意願。

4.會吸引競爭品牌之客戶,因產品免費試用,轉而使用本公司產品。

5.可掌握消費者立即性反應的購買行為。(相比之下,採用廣告促銷就一必須多次廣告訴求,才能產生行動)

6.會協助經銷店的販賣產品,因而強化經銷商的向心力。

7.可針對選擇性的目標對象,加以採用「樣品試用」,運用彈性大。

(一) 常見的樣品促銷手法

「樣品試用」促銷的樣品分發方法,其種類如下:

①定點分發

直接將樣品交到消費者手上的運用方式,通常透過的地點常是百貨公司門口、購物中心、街口、或人潮彙集的公共場所內,將樣品分送給消費者,並同時告知有關產品的銷售訊息,以廣宣傳。

另外,最近常使用的「定點分發」方式,是透過零售店來分發「樣品」,已成為新增的一項重要促銷方式。廠商生產小號裝產品供零售商分發給消費者試用,此種推廣商品的方式,花費低又可有效吸引消費者嘗試購買。

②逐戶分發

代為設計小型「樣品」後，利用郵寄或專人分發，將樣品以專人方式送至府上，通常透過專業的樣品促銷服務公司執行，常將樣品放在郵箱內、門外等。

此種「逐戶分發」方式，可委託郵寄或專人分發。專人分發時，只限於人口密度高之地區；再者，逐戶分發到每戶的郵箱，要顧慮到當地的法律許可與否。

③透過媒體分發

部份消費性商品可經由宣傳媒體，特別是藉報紙、雜誌，將免費樣品送給消費者，如果樣品體積夠小、夠薄，就可附在或放入媒體裏送給各訂戶。此種分送方式的最大長處在能深入目標層訂戶，同時可運用同版面廣告來傳播產品訊息。例如，在雜誌內刊登一頁男用保險套廣告，並免費贈送保險套一隻，以浮貼方式將產品黏著於雜誌的廣告頁上。

（二）決定「樣品試用」促銷的兩大成功法則

免費樣品試用的規格大小並無硬性規定，原則上只要讓消費足夠試用，瞭解產品即可。依據商品的利益特色而定，例如口味不錯，送一次用量就夠了。當您決定採用較小規格的樣品時，最好以原商品的造型縮成迷你型讓消費者試用，如此，當消費者前往零售點選購時，自然易於辨認，而指名購買了。

無法「免費樣品試用」之產品，例如高價位的汽車、冷氣機等，另有一種方法，可採取「試用」之精髓原則，換句說，重點在於「只要令消費者瞭解產品特性」即可，因此可以實施「新車試駕」或是「冷氣機試吹」另一種型式的產品試用方法。筆者擔任企業行銷顧問七年來，採用「產品試用」方法，改善企業績效甚多，特向讀者強力推薦此法。

「樣品試用」促銷手法，成功法則有二：

①要針對目標消費群

「樣品試用」促銷的對象必須選擇，並非濫予發放，並不是所有的消費大眾都可能影響購買。

企業必須針對產品的目標消費群，採用正確的樣本分發方式，分發至正確的「目標消費群」，「樣品試用」促銷才會成功。

例如「減肥藥」樣品，必須分發給肥胖者才會有實質效果；女性生理衛生用品，必須分發給年齡不超過 50 歲的女性，「洗衣粉」樣品必須針對家庭主婦而分發。而新開張的商店為宣傳而贈送的各種小禮品，則適合以在附近街道的定點分發方式為佳。

②產品公認具有優於競爭品牌時

品質、特點功能沒有改善或創意，引不起消費者的購買或使用意願。只有具備優異的功能、特性，才有可能引起消費者的興趣。產品既然具有優異的功能，而且又比競爭者優秀時，只要經由「樣本試用」的促銷，令消費者輕易的瞭解到此點，就會在試用後再度購買。

惟廠商要體會到，所謂「產品優異」與否，是以消費者之認定為準，每一個廠商對其新產品，當然深具信心才會推出上市，但消費者淘汰新產品也是嚴酷的，他們可不像廠商那樣的深具信心。

36

針對消費者的教育訓練

促銷工具 ＼ 介紹

在技術創新(innovation)，新產品陸續上市，產品性能日益改善的今日，消費者對使用商品的知識及理解，愈來愈困難，廠商為推銷產品，應加強消費者教育、消費者表演之推行。

促銷工具 ＼ 疑難雜症

為讓消費者充分瞭解產品之特性與優點，廠商可利用「針對消費者的表演」或是「對消費者進行產品教育工作」，來達到目的。

消費者教育的內容，是使消費者知道商品之優點，所包括的範圍甚廣，例如品質的優良、包裝的美麗、價格的公道、數量的充實，該商品的值得信賴等。

廠商消費者教育之目的，在使消費者知道商品優點後，自動地走進商店，指名購買該商品，養成繼續購買該商品的習慣，換句話說，消費者原本「不瞭解產品」，在經過「消費者教育」之後，由於廠商所實施之教育工作規劃妥當、解說詳細，因此，消費者有可能就因此而成為該廠商的客戶。

219

例如，化妝品廠商為爭取未來的消費群，針對即將踏入社會歷練的畢業學生，展開「早期開發客戶」行動。廠商透過學生社團的聯繫，派美容師到校講習，以精彩幻燈片講解，配合實際演練試用，教導皮膚保養、化妝技巧、整體搭配來灌輸美儀常識。由於此種「校園美容講座」系服務性質，不涉及買賣行為，所以容易給這些潛在消費群留下良好的品牌形象，對廠商而言已達到深刻的品牌告知效果。

其次，鑑於「參加人數眾多」，且講習時間有限，無法針對皮膚狀況做詳細個案指導，對個性美關心程度較高的學生，廠商會推薦她免費參加公司的美容講座。據業者反應，此類畢業生日後對該化妝品購買機率與品牌忠誠度甚高。

促銷工具　對策

廠商採行對「消費者的教育訓練」方法，基本上有二大方式：視聽教育和示範表演。

(一)視聽教育

用電影、幻燈、圖表、目錄、印刷品，可以啟發消費者對商品之優點的認識。用這些方法也可以提高消費者的企業形象，間接幫助商品的銷售。因此，企業的目的、歷史及「對未來的構想」，也都應該對消費者說明，使其有深刻的認識。至於工作機器、製造機器等無法搬至消費者面前，使其看清楚的商品，可利用電影或幻燈向消費者說明。

用電影或幻燈教育消費者，消費者尚能接受，至於把小冊子，或折疊印刷品等送給消費者，除極少數甚需要此項商品的消費者外，甚少有人閱讀，實際不發生什麼效果。因此一個大的公司應該

220

準備三種電影影片，以供外界觀覽：

(1)描述公司的歷史、事業的內容，以及說明產品的電影影片，以提高企業形像。

(2)詳細說明產品的製造方法、價值、使用方法的影片或幻燈。

(3)描述企業與有關方面相互合作、互惠互利、共存共榮的公共關係影片。

在電視、報紙、雜誌、企業刊物等媒體上，刊登「圖解說明的廣告」，利用問答比賽、競賽或郵寄「直接郵件」，教育消費者也是很重要的。電視能同時透過消費者的視覺和聽覺，向消費者說明商品的性能及使用方法時，極具效能，為其他媒體所望塵莫及。在報紙上，用通暢易懂的文筆，也可以說明商品的特徵。雜誌上的彩色廣告，如最近一些婦女雜誌上所刊一連數頁的集中廣告，也能發揮出來極理想的消費者教育的效果。

在「問答比賽」裏，把銷售重點編織在問題裏面，其消費者教育的效果，遠比在電視上為加深印象而狂減亂叫的宣傳強得多。關於食品的利用法及調製法，用競賽的方法，推行消費者教育也有良好的效果。

（二）示範表演

廠商借著舉辦展示會、表演會、實地表演、品嘗會、駕駛試驗會、工廠開放等，把實際的商品，放在消費者的面前，當場表演操作方法，處理方式，試飲、試食等，是最徹底最有效的教育方法。

例如販賣微波爐廠商，在展示會場上，當場教導婦女如何使用微波爐來烹調食物，由業務員當場示範，其理解力、信服力相當強。

此外，參加「展覽會」也是一個促銷的機會，有興趣的消費者遠道而來參觀，在展覽會現場，可以當場操作產品，瞭解產品的各種優異特性。

221

在專業的展覽會上，也常見到此種示範表演的促銷手法。笨重的機械產品展示會上，常見機械專門人員，辛苦的詳加介紹產品功能，令人感覺產品告知方式很生硬；國外廠商目前已流行採用外行的美麗女孩，事先加以簡單的訓練，僅在會場操作一些標準的動作即可。由於是真槍實刀的現場操作一部巨大機械，事先培訓的技術，配合備妥的介紹術語，肯定在會場中搶盡風頭。

37

立即降價促銷

促銷工具 　介紹

「降價促銷」的含義，相當明顯，就是調整產品價格到更低的價位，以低價來促銷。

「降價」常是因應競爭對手挑戰，企業要以更低的價格，來加強產品的整體競爭力，與競爭品牌相抗衡，不管企業是主動的「降價」挑戰，或被動的因應「降價」措施。

促銷工具 　疑難雜症

採用調整價格的降價促銷，方法簡單，影響卻相當大，採取降價措施，降價後的業績馬上會顯現，但是稍一不慎，也會傷害到自

己。

(一)產品為何要降價

「價格」是產品競爭力的一個重要因素,當消費者非常注重產品價格高低時,低價是贏得客戶的成功因素之一。在不景氣時期,「低價」產品尤其能取得市場,故企業對產品調低價格,以低價來加強產品競爭力,以增加銷售業績,提高市場佔有率。

反之,當競爭對手降低促銷時,由於市場的競爭,企業常被迫也跟著捲入降價風波,而不得不也實施產品降價。

產品的生命週期因素,是考量採行「降價促銷」的重點。因為成熟期的產品,可避免參考價位因降價促銷而破壞,上市期正值產品的參考價位建立中,如果貿然採取降價促銷,則容易降低消費者對它的參考價位,誤以為該產品的價位應該如此,一旦促銷期過後,消費者無法適應正常的價位,反而會傷害產品往後的發展,除非廠商以大量的廣告來提升產品定位,否則上市期的產品實極難避免上述狀況。

產品的出清庫存,也常造成「產品降價」的原因。庫存常導致產品價值的快速失落,造成企業大筆損失,因此,為出清競爭力不足的舊庫存,或是因應新產品即將推出前的出清舊庫存,企業最迅速的措施是採取降價,以低價來求得迅速出清舊庫存之目的。

行銷主管碰到對手降低時,要分析對方的企圖,是否為出清舊庫存而降價,或是全面性、長期的低價戰爭,以便擬出正確的行銷戰略。

消費者對產品的熟悉程度,也會影響「降價促銷」的成功與否。知名度高、佔有率高的產品由於客層原本就廣,且消費者對其認知相當清楚,故做促銷時即可馬上吸引原有的使用者。至於那些佔有率低的產品,則因為對大多數消費者而言,品牌的價值認知仍相當

陌生，採取降價促銷並不是一個最好的方式，實際市場經驗也證實，在降幅相同的情況下，高佔有率的品牌所吸引的額外銷售量，遠比低佔有率的品牌來得更多。

（二）企業採行「降價促銷」的重點

企業評估後，欲採行「降價促銷」手法，在執行上要注意到：

1.廠商必須確保降價犧牲的利潤，是由消費者獲取，而非由中間商吸收吸收掉。在某些狀況下，中間商可能自行吸收了廠商的進價優惠，而沒有將這些利潤分享給消費者，要避免這種狀況的最好辦法，就是藉宣傳手法將促銷訊息傳達給消費大眾。

2.當廠商有意進行降價促銷時，必須和中間商、經銷商取得聯繫，排除對方配合上的疑慮或阻礙。面對這些質疑，廠商勢必得想辦法說服、安撫中間商，避免中間商的利潤遭到損失，如此兩者皆大歡喜，促銷才好推動。

3.廠商要遵守各種法令規定，避免各種降價促銷的方法違背當地的法律。

4.降價促銷的技巧要謹慎，儘量減少破壞產品形象。在眾多階段性廣告的目的中，其中一項便是建立品牌的定位與形象，這是需要長時間投資建立的，希望消費者能肯定產品品質與價值，然而，降價促銷一旦過度使用，則容易「教育」消費者購物時以價錢為優先考量，而忽略品質、信用等其他考慮因素，因此降價促銷要謹慎。

5.降價促銷要注意競爭對手的反擊。降價促銷，效果明顯，而且容易導致競爭對手的反擊，造成彼此惡性的流血降價競爭。因此，在策劃之初，就應估計反擊的因應之道，在執行時，也要隨時注意對手的動態。

6.降價促銷要分析「促銷目標是否達成」。降價促銷最大的效用是使客戶多購買。由於廠商降價導致單價降低，利潤也降低，若

非「銷售數量有相對增加」，否則降價促銷純就短期利潤觀點而言，並不划算。

促銷工具　對策

不管是主動採取產品「降價」以奪取市場佔有率，或是被動因應競爭對手的「降價」挑釁，企業在價格戰必須注意到下列行銷戰術：

1.研究背景資料：

①瞭解競爭者的行銷策略特徵，對利潤的看法、財務狀況、銷售業績、公司產能等。

②分析競爭者價格競爭的用意與期間長短。

③研究競爭者在每年促銷辦法是否固定之特徵。

2.評估競爭者：

①根據銷售情報、消費者反應、評估對手的效果。

②對消費者、本牌以及業界所造成影響。

③只單純價格改變或是有配合其他的促銷活動。

④決定不予理會或採用「價格競爭」、「非價格競爭」，分項進行加以應戰。

3.迎接挑戰：

針對競爭者研究降價時機與消費者獲知程式，採取一種或多種改變產品價格。

(1)以略高的價格而提供更多的價值。

(2)直接改變產品價格，而不改變所提供產品的品質與數量。

(3)在不改變產品價格下，更改產品的數量或品質。

(4)以較低的價格提供品質較差的產品。

(5)改變產品所搭配的服務條件(時間、地點、方式、水準等)。

(6)降低經銷商售給最終消費者之價格,或提高經銷商的銷售獎勵。

(7)採用彈性價格,視公司需要或市場競爭情形而差別取價。

(8)藉累積性與非累積性數量折扣方式,達到間接改變產品價格目的。

(9)在不損害廠商利潤前提下,加強或改變提供相關性贈品的數量或品質。

(10)視產品性質,將產品採行分開標價方式。

(11)改變付款手續、條件或時間。

4.心理備戰:

①估計本牌「迎接挑戰」後,對方是否有特定反應模式或會再做何種反應。

②在確定競爭價格之前,早已擬妥未來相互競爭的項應變方案。

③加強「非價格競爭」的行銷努力。

對付同業價格競爭的戰略:

競爭者降低價格

對本公司銷售有無重大影響 → 維持現價注意觀察

是否為永久性跌價

有無可行的減價辦法 ── 無 ── 減價是否影響品牌印象 ── 不影響 → 減價至競爭者的水準或減至收益兩平點

競爭者減價多少

| 減價 0.5-2.0% | 減價 2.1-4.0% | 減價 1.1-6% | 減價 6.0% 以上 |

舉辦暫時性的減價廣告活動 | 舉辦贈獎活動以減輕價格壓力 | 增加廣告活動以提高產品知名度 | 衡量該產品對於公司之利潤和銷售的重要性

此點非價格競爭有無效果 ── 設計新包裝改變廣告主題 ── 重要

考慮新方法 ── 無 / 有 ── 回到開始點 ── 不重要 → 考慮放棄該產品

（四）評估降低價格後所應達成的最低銷售量

1.企業必須瞭解「輕易降價是非常危險」的。

2.除了企業策略的考量以外，「產品降價」必須要能導致「銷售數量的增加」。

3.如何快速理解「降價程度」後，所應帶來的「銷售量增加程度」呢？

①左邊欄位是「產品價格降低的百分比」。

②上邊欄位是「相對降價前售價的變動成本」。

③交叉所得的數字，即是一旦產品售價下降後，配合降低售價後的最低應增加銷售量。

產品降低售價，企業所應確保最低銷售數量的速查表

價格下降比率 △S%	相對於降價的售價的變動成本（V%Si）								
	10%	20%	30%	40%	50%	60%	70%	80%	90%
1	1.12%	1.27%	1.45%	1.69%	2.04%	2.56%	3.45%	5.26%	11.11
2 1/2	2.86	3.23	3.70	4.35	5.26	6.67	9.09	14.29	33.33
5	5.88	6.67	7.69	9.09	11.11	14.29	20.00	33.33	100.00
7 1/2	9.09	10.34	12.00	14.29	17.65	23.08	33.33	60.00	300.00
9	11.11	12.68	14.75	17.65	21.95	29.03	42.86	81.82	900.00
10	12.50	14.29	16.67	20.00	25.00	33.33	50.00	100.00	Loss
12 1/2	16.13	18.52	21.74	26.32	33.33	45.45	71.43	166.67	
15	20.90	23.08	27.27	33.33	42.86	60.00	100.00	300.00	
17 1/2	24.14	28.00	33.33	41.18	53.85	77.78	140.00	700.00	
18	25.00	29.03	34.62	42.86	56.25	81.82	150.00	900.00	
20	28.57	33.33	40.00	50.00	66.67	100.00	200.00	Loss	
25	38.46	45.45	55.56	71.43	100.00	166.67	500.00		
27	42.86	50.94	62.79	81.82	117.39	207.69	900.00		
30	50.00	60.00	75.00	100.00	150.00	300.00	Loss		
33.33	58.81	71.42	90.89	124.97	199.94	499.70			
35	63.64	77.78	100.00	140.00	233.33	700.00			
36	66.67	81.82	105.88	150.00	257.14	900.00			
40	80.00	100.00	133.33	200.00	400.00	Loss			
45	100.00	128.57	180.00	300.00	900.00				
50	125.00	166.67	250.00	500.00	Loss				
54	150.00	207.69	337.50	900.00					
55	157.14	220.00	366.67	1,100.00					
60	200.00	300.00	600.00	Loss					
63	233.33	370.59	900.00						
65	260.00	433.33	1,300.00						
66.67	285.77	500.15	1,002.10						
70	350.00	700.00	Loss						
72	400.00	900.00							
75	500.00	1,500.00							
80	800.00	Loss							
81	900.00								
85	1,700.00								
90	Loss								

$$必要銷售增加率 = \frac{降價比率}{(1-變動費率) - 降價比率}$$

38

產品優待券

促銷工具 介紹

為了吸引客戶上門購買，企業可分發「商品優待券」，當客戶購買某項商品時給予優待，例如「折價優待 20 元的優待券」、「憑券優待咖啡一杯」等。優待券常被用於提供消費者各種優惠獎勵，運用的方式很多，不僅局限於價格的折價而已。

促銷工具 疑難雜症

企業策略聯盟，彼此互相提供優惠待遇；或是在某種產品未能如期銷售時，為協助其達到預期的目標，特別策劃的促銷活動，此法尤其有效。

(一)產品優待券的適用時機

採用「產品優待券」的促銷方法，似乎頗具效果，它的使用時機，例如：

1.扭轉產品銷售全面下跌的局面。（當銷售下跌已延宕多年，跌勢形成時，則難以扭轉）

2.提高本公司品牌在同類品中逐步遞降的市場佔有率。

3.在成長類型的商品，而消費者卻反應冷淡、銷售停滯，運用此法加以提升興趣。

4.協助增加弱勢品牌遞降的銷售利益。

5.以優待券來引起對產品的試用意願。

（二）產品優待券之好處

不論是消費者使用過產品與否，不論是舊產品或新產品的上市，運用優待券促銷均能提升消費者的使用，當促銷目的主要在刺激新客戶的試用時，運用優待券來吸引消費者，會比其他促銷方式更為有效。

當消費者對某項商品已試用過且能接受它時，若再運用優待券折價促銷，更能增添效力。優待券常是刺激購買意願的一大利器，尤其對處於同級品充斥的白熱化競爭狀況時，更是一針見血，效果立現。

舉辦優待券促銷、可刺激一般消費者購買本商品，再者導致消費者的超量購買，勢必使其離開市場一段時間，因而削弱了競爭品牌的活動效力。

當廠商推出新包裝、新口味的產品時，利用優待券刺激目前使用者嘗試新規格、新口味、新形式，效果最顯著。通常利用「優待券」來減價促銷，是創造銷售業績最好的方法之一。

由於企業策略聯盟的興起，各企業的折價優待券可互通有無，開創更大的市場。例如，速食店與玩具店合作，在速食店購貨分發「憑券購買 XX 店玩具折價優待 120 元」，在玩具店購貨分發「憑券購買 XX 速食店漢堡送薯條一包」，替雙方招徠消費人潮。

企業為促銷而舉辦「降價促銷」方法，常會有「破壞品牌形象」的後遺症，若採用「產品優待券」方法，可間接性的降低破壞程度。

促銷工具　　對策

　　「優待券」依照主辦機構之區分，可分為「廠商型優待券」與「零售商型優待券」。

　　「零售商型優待券」只能在某特定商店、賣場使用，主要是吸引消費者到某個特定商店為主要目的；「廠商型優待券」是由生產廠商所規劃執行，通常可在其指定的(多個)零售店加以使用，主要是吸引消費者到商店購買特定品牌之商品。

　　產品優待券根據散發方式的不同，可分為四類：透過媒體分發、直接交予消費者、經由商品分發、透過其他途徑分發等。

　　(1)**透過媒體分發的產品優待券**

　　第一種主要散發優待券的方式，是透過各種媒體分送。例如在報紙、雜誌或其他印刷媒體上，均可經常看到優待券的蹤跡，由於傳播媒體的不同，幾種類別的優待券散見其間。以透過報紙分發的「產品優待券」而言，具有下列好處：

　　①花費的成本較低。

　　②選擇性高，雖然各社區報的發行有限，但可針對不同的社區，選擇不同的報別刊登，既符合廠商促銷企圖，又符合讀者需要。

　　③彈性極大，報紙優待券的運用，可因版面大小、構圖設計、時機性和發行區域，而靈活調配。

　　④可與報紙版面內容相搭配，如與生活版的「美食日」或體育版……等做聯結式之廣告刊登。

　　⑤由於報紙時效性較短，所以報紙優待券常能以較快速送到消費者中。

　　通常，在都市地區，經由報紙傳遞的優待券，具有極高的到達率和最快的兌換率。

(2)直接交予消費者的產品優待券

此種類型優待券通常是挨家挨戶，或經由郵寄方式直接送到消費者手中。送出方式，有單獨寄送或附帶其他物件一起寄送。此外，也可在街上散發、經由促銷流通公司代送，或利用其他的「直達消費者管道」送出。

優待券採用直接郵寄的方式散發，可以獲得較高的兌換，比透過雜誌發送以爭取試用者要高出三倍之多。然而，此種方式的主要缺點，則是遞送費用過高。例如，關於運用直接郵寄優待券時所需的費用，包括有優待券本身的印製費、郵寄名單費、郵資、信封、附函、住址抄寫費，再加上兌換支出和促銷公司處理費等。

至於逐戶分送優待券的方式，由於人工分送費用過於龐大，對於「促銷預算不足的企業」而言，幾乎都不太採用。然而卻仍有部份廠商在某些地區發送，例如某洗髮精廠牌，將優待券、樣品、贈品及產品相關資料一併放在一個袋子裏，然後掛在各個家庭的門把上或放入信箱內，均甚受歡迎。

(3)透過商品發送的優待券

第三種優待券常是透過商品來發送，在吸引消費者下次購買以享受優惠。其運用的方式可分為「包裝內」和「包裝上」兩種。所謂「包裝內」即指將優待券直接附在包裝裏面，當運用此方式時，商品的盒子或紙箱上常會以「標貼」特別註明，以吸引消費者的注意。另一種運用方式則是「包裝上」，意指在包裝上某處附有優待券，它可能是在包裝標廠紙上，甚或印在紙箱上，以廣招徠。

採用包裝內或包裝上優待券遞送方式的最大利益，就是沒有發送優待券的費用，那是因為商品本身自己送出了優待券，不必再運用其他媒介物。尤其商品包裝正面的促銷標貼突顯了商品及優待券訊息，塑造了零售點上最顯眼的產品差異性。

此外，由於優待券是附在包裝上，所以只有購買者方能取得，

如此，優待券的毀損率自然減至最低。通常舉辦此種優待券促銷，回饋現有使用者的意義遠勝於爭取新消費者，何況愛用者常擁有較高的潛在兌換率。其次，由於廠商掌握了配送通路，也能有效掌握潛在消費市場，將優待券適當地送到消費者手中。

⑷**透過其他途徑分發**

競爭的激烈會帶來企業的改變，「優待券」也可透過企業特殊的途徑，加以分發。例如量販店為老客戶而分發的「本週促銷活動」商品型錄，可在其商品欄上註明「限老客戶購買」、「原價 350 元，老客戶限量購買，每個優待價 280 元」。

例如收銀機所打出之「發票」憑據，亦可在發票背面加印「優待券」促銷活動之優惠辦法。

39

贈品促銷

促銷工具 ＼ 介紹

「樣品促銷」方法是藉提供與原產品品質相同之「樣品」，供客戶試用，以明瞭其產品的優異性。而「贈品促銷」方法，是「另外提供一份贈品，以酬謝客戶的購買本公司產品」。

促銷工具　　疑難雜症

採用「贈品促銷」不只可以促銷你的主力產品，有時甚至進而可以創造出傳奇故事。

芮格裏九歲時是美國費城一個不折不扣的壞孩子，幾乎每隔兩、三星期就被學校開除。後來，開了一家肥皂工廠的父親把他叫到工廠工作，當時年僅十二歲的芮格裏幹的卻是肥皂廠內最艱苦的工作，拿根木槳攪動一大桶的肥皂膏，每天工作十小時。

芮格裏渴望晉升成為推銷員，經過長達一年的勞力工作後，他終於成為年輕推銷員，受到客戶的歡迎，前後共有十六年之久。

芮格裏初期努力推銷，肥皂銷路卻一直打不開，後來發覺原因是售價太低，每塊只賣五分錢，而零售商對於價位較高的肥皂反而有興趣，因為它們的利潤較高。為了化解經銷商這種冷漠的態度，芮格裏說服父親把價錢由五分錢提高到一角，另外再贈送廉價雨傘給經銷商或零售店，零售商可以把雨傘留下來自用，也可以把它當作是每箱肥皂的贈品。雖然初期所送出去的六萬把雨傘在第一次淋到雨時就會掉顏色，但肥皂銷路卻因此贈品而大增，證明這項「贈品促銷」策略是正確的。

經過這次簡單而且並不完美的首次贈品促銷活動的教訓之後，芮格裏在以後不斷研究改進贈品。他所送出去的贈品項目繁多，計有量重器、痰盂、收銀機、吃角子老虎、手斧、曼陀林、留聲機、嬰兒車和意外保險。他甚至把早期的自來水筆和家庭電影攝影機拿來當作贈品。

這些「贈品活動」使得芮格裏很容易改變他所推銷的產品。例如：他本來把某種發酵粉當作免費贈品，後來卻把發酵粉當作他所推的產品，配合食譜促銷，銷路很好。到了一八九二年，他每週可

賣出五萬罐發酵粉，於是放棄了家傳的肥皂事業。

他也開設了一家口香糖公司，並且拿這家公司所生產的口香糖當作發酵粉的免費贈品。後來，客戶對口香糖的需求量反而勝過他們對發酵粉的需求，芮格裏於是再度改行，而且以後不再改行。他在一八九三年推出女性專用的瓦莎口香糖，以及著名的留蘭香口香糖和黃箭口香糖。當然了，訂貨量大的經銷商可以得到多種免費贈品：磨咖啡豆機、臺燈和梯子等等。

各牌冷氣機的贈品策略

廠商	挑　　選　　贈　　品
日立	日立微電腦電子鍋、日立護眼臺燈、象印 4.5L 燜燒鍋、3L 熱水瓶、SONY 收答錄機、百靈一秒耳溫槍
臺灣松下	國際牌自有產品：運動型隨身聽、電動按摩棒、微電腦血壓計、12 吋風扇
聲寶	進口乾濕二用吸塵器、進口方形電子鍋、聲寶 16 吋立扇、聲寶無線電話
東元	東元自有產品：14 吋立扇、10 人份三用電子鍋、空氣清淨機、溫熱開飲機、進口電動按摩棒(直立、窗型、分離式 1 對 1→5 選 1；1 對 2、1 對 3→5 選 2)
東芝	窗型：東芝烤箱、東芝 14 吋電鍋、進口變頻式臺燈
	分離式：東芝果菜榨汁機、
大同	窗型 3500 千卡以下：10 人份電鍋、12 吋座立扇、熱水瓶
	窗型 4500 千卡以上：電子鍋、16 吋立扇、呼叫器
	分離式 3600 千卡以下：同上
	分離式 7000 千卡以下：20 吋電視、除濕機
歌林	窗型、一對一分離式：歌林 14 吋風扇、三菱 5 人份電子鍋、歌林吸塵器、熱水瓶
	歌林一對二分離式、三菱分離式：除送 14 吋風扇外，另有上型前三項贈品選擇

因為贈品的關係，使他無意中踏入口香糖事業，經過幾番努力促銷，終於使他在口香糖事業獲得成功。他在 1907 年的經濟恐慌，及隨後而來的經濟蕭條期間，以最優惠價格大作宣傳廣告，引起全國注意，他也設法拉攏他的經銷商，發出數千張兌換券給他們，可以用來兌換免費的幾箱口香糖。到 1910 年時，箭牌口香糖已是全美銷路最大的口香糖。

這是一個典型的例子，因為採用贈品促銷策略而販賣成功，更進而成為主要成功事業的最佳例子。

例如家電廠商採取「可挑選買冷氣機產品的贈品」之策略，只要客戶「購買冷氣機產品」，就可挑選自己所喜愛的一種贈品，如上表所列：

促銷工具 ＼ 對策

(一)贈品促銷的方法

贈品促銷是基於促銷產品或回饋客戶之用意，當購買產品時，可以免費（或付費）取得贈品。而愈來愈多的企業，採用「贈品促銷」方式，除可以迅速提升業績，主要是基於下列所帶來的優點：

①立即性的刺激購買

附送贈品，帶給消費者直接獲得利益的感覺，故能讓消費者產生立即性購買的行為。

②增加試用率

產品附加「贈品」，會吸引目標客戶的購買。而「贈品」設計得當，甚至於造成「贈品吸引力大於產品吸引力」，會刺激客戶購買產品。

③增加忠實老客戶

產品因附加「贈品」而提升附加價值，使用者因為贈品而購買

236

產品，一旦試用產品後，感覺滿意而產生信心，自然會再度繼續購買，而成為我們的忠實老客戶。

④強化促銷活動

贈品的設計，要與產品特性相符合，以便突出產品功能、特性、知名度等。例如「綠巨人」公司為例，多年來均運用「付費贈送」來建立品牌認知度，活動之一，為「綠巨人送睡袋」，憑兩個綠巨人商品標籤及附美金 8.95 元，即可獲贈綠巨人睡袋一個。

⑤強化品牌形象

贈品的設計妥當，會強化這個產品的品牌形象。例如「萬寶路」香煙將「西部」的廣告主題與「贈品」緊密結合，既擴大了商品形象，又是一次相當傑出的促銷運用。

⑥取得經銷店的有利陳列地點

經銷店的陳列原則是富有魅力、容易銷售、有利潤的商品，都優先陳列，因此商品上附有「贈品促銷」，在陳列時常比其他產品享有更優異的陳列層面。

（二）贈品促銷的方法

常見的贈品促銷方法，有下列幾種：

①隨貨附贈

將贈品附著在「產品外包裝」或是「產品內部」，是極為廣泛的使用手法。

借著有「隨貨附贈」的特殊包裝，在零售店內的陳列架做明顯的展示，尤其當各品牌產品彼此差異性不大時，此種「隨貨附贈」的促銷手法，更有明顯效果。

將贈品附著於產品外包裝之上，產品與贈品在外觀上相互依著，例如即溶式咖啡使用透明成型包裝，將所「附贈咖啡杯」，緊緊包在　起。另　例是刮胡刀廠商為促銷剛上市的「刮胡膏」新產品。

237

將贈送的小瓶「刮胡膏」與刮胡刀產品，予以透明包裝在一起。

另外一方法是將贈品附在產品包裝內，消費者無法親見贈品模樣，只能由廣告訊息或包裝上的促銷說明得知，例如兒童食品在包裝內的「附送小玩具」，就常用這種方式贈送。

②當場兌換

在販賣現場所舉辦的促銷活動，可立即取得贈品。例如在現場購買冷氣機，可向經銷店當場索取「電風扇」贈品。促銷期間購買大尺寸「勁薄比薩」一個，當場贈送 1.25 公升可樂一瓶，並得以另外付費 20 元方式，可取得 4 塊烤雞翅。

③郵遞贈送

「郵遞贈送」是屬於「購買產品後的郵寄贈品」，不是屬於當場可取得贈品的促銷方式，消費者必須將廠商所要求的「購買憑證」寄出，然後再等候廠商將贈寄到自己手上。此種促銷方法，客戶參與「兌換率」不高、與「遞送時的困擾」，是這種辦法的缺點。

④可利用容器之贈品促銷

將欲出售之產品置於容器內，當產品用罄時，此容器可再度使用，亦即此再度使用之「容器」，是廠商所提供之贈品。例如砂糖不採用塑膠套包裝，而改放置於漂亮容器內，一旦砂糖用完，則漂亮容器可作家庭主婦的貯物罐。另一個例子，是將蕃茄汁裝在漂亮的大罐內，除了大罐容量有價格優惠外，此漂亮容器也是一個免費、誘惑力大的贈品。

(三) 贈品促銷的設計

贈品的設計，是整個贈品促銷成敗的重點關鍵，下列是贈品促銷方式的設計重點：

①贈品必須有吸引力

也就是利用贈品的新奇效應，吸引客戶前來購買，或是提醒久

未前來購買的人，例如麥當勞在店頭舉辦「買特餐送 XX 玩具」，不只在店頭現場會吸引客戶購買，當小孩拿著玩具在學校把玩的時候，刺激了其他學生的興趣，促使他人也前往消費，發生「吸客效應」。

②贈品要與產品有相關性

所附的贈品，若能與產品的特性（或用途）有關連，則促銷誘因更大。例如在夏天所販賣的「即溶咖啡包」，贈送「冰凍咖啡沖調杯」，讓客戶購買產品後的使用更方便，因爲使用方便而常使用，使產品消耗快，再度購買機率高。洗髮精附贈「潤絲精」，搭配使用後，洗髮效果特別柔軟、髮質順暢。購買牙膏，附贈特殊造型的「牙刷」，同時宣傳牙刷的特色，有銷售互補效果。

產品所附贈的贈品，搭配妥當，不只增加促銷效果，也會產生經營創意，例如原先有「買瓶裝 1000cc 鮮奶」附贈「即食乾穀片」一包，廠商發覺消費者反應不錯，就開發一種適合個人食用的新產品，將小容量「杯裝的鮮奶」上面附贈 15 片「即食乾穀片」，予以整體包裝，變成「新產品」，提供個人早餐食用。

③贈品要可以突顯出商品的功能特性

由於贈品可以充份、刻意的設計，若能展露出你所販賣產品的功能優點，可達到促銷與宣傳的雙重好處。

④贈品要具備「鼓勵客戶繼續使本產品」之目的

贈品除了促銷產品（或回饋客戶），還要繼續使客戶不斷的購買使用。例如：百貨公司對持有 VIP 卡的老客戶，每年週年慶、促銷慶等活動時，都發函給 VIP 卡客戶到店領取 2 個玻璃杯。由於每次活動均只給 2 個杯子，若要集合成一組 6 個杯子，必須持續性的與百貨公司交易往來。另一個例子，例如，速食店推出「紅茶補充杯」，只要購買此「玩具造型」的「補充杯」，在 6 個月的促銷期間內，均可持此杯到店內購買紅茶，紅茶加到滿，只收 15 元。（平常加到滿

約 400cc，店內零售價是 25 元）。

⑤贈品要有新奇性

贈品的挑選，要有新奇性，不只是「消費者少見」，也要考慮競爭對手會跟進模仿。贈品和本公司形象、產品相關的造型，而且有創意，造型顯眼，才會得到消費者的芳心。

（四）贈品促銷的宣傳

企業界常運用廣告以打開銷售業績，而「贈品」更扮演著打動消費者心意的重要關鍵工具。依個人經驗，在廣告宣傳上，公司所提供的「贈品」至少應注意到下列成功原則，特提出供讀者參考：

1.充分的廣告宣傳

舉辦贈品促銷活動必須搭配足夠的廣告宣傳，以便告知目標客戶，促使他們採取行動。

2.在宣傳媒體的標題中提到贈送

強調「贈送」，以增加廣告對潛在客戶的吸引力。例如廣告為「免費贈送的減肥指南」。

3.強調「免費」

在平面媒體廣告，將「免費」以粗黑體字印刷，而在電波媒體，則刻意重覆「免費」字眼。

4.強調樣品（或贈品）的廣告圖片

版面空間夠大時，將樣品（或贈品）以誇張尺寸加以調調，並附圖片（相片）以簡燙文字註明。

5.文案內要提到「贈送」

為引起衝動購買，在廣告文案前端與結尾，均要作「贈送」行動的提及。

6.贈品要有吸引人的名字

「贈品」要命名，而且命名要吸引人，決定客戶是否索取之主

要因素。

7.贈品的背景介紹

以一段吸引人的文字來做贈品說明的描敘，加強贈品的誘惑力。

8.安排名人加以推薦

使用者口碑是最好的廣告手法，例如由烹調名師來推薦餐廳主菜。

9.提出證據

引用具公信力等的明確證據，加以佐證贈品(或商品)之實力。

10.附上贈券

印上「贈券」，可使贈送活動變得清楚而簡單。

11.在贈券上印出價值

在贈券上明確的印出該贈品(或樣品)價值若干，顯得有憑有據。

12.加上電話號碼

工商社會講求快速、績效，尤其有「衝動購買」之可能生時，更應加上公司的電話購買專線，例如「快速訂購專線」。

13.催促對方立即行動

以「贈品有限」，「至九月八日截止」等方式，慫恿對方採取購買行動。

14.使用廣告回函卡

使用(不須貼郵票的)廣告回函卡，附在該廣告信函內，以事先鋪路方式，便利客戶的購買行動。

40

抽獎活動

促銷工具 ＼ 介紹

　　企業為擴大宣傳它的促銷活動，常會舉辦抽獎活動，以具魅力、吸引客戶的獎品來吸引消費大眾的注意力。

　　企業的「抽獎活動」促銷手段，是設定一個參加者的資格辦法（常是購買商品之限制條件），再提供優惠豪華的獎品（如贈送汽車、洋房，招待國外旅行），用事先言明的抽獎方式，抽出中獎名單。惟整個抽獎活動之原始目的，仍在於鼓勵客戶購買、消費本牌產品，以提升銷售成績。

促銷工具 ＼ 疑難雜症

　　抽獎活動的功能是立即有助於知名度的提升，並引起客戶的購買（消費）行為，他的配合前提是必須有適當的宣傳活動，以引起目標客戶的注意力與參考。

　　甚多企業所舉辦的「抽獎活動」，其失敗原因是：

　　①未有充分的宣傳活動以引起目標客戶的注意。

　　②獎品誘惑力不足。

③抽獎方式太平常，客戶無心參加。

促銷工具　對策

（一）舉辦「抽獎活動」的好處

1.可強化產品形象

企業所規劃設計的「抽獎活動」，若贈品誘惑力強，而且贈品背景特性與本公司產品特性，可加強本公司產品所給予消費者之品牌認知。

例如由紐西蘭進口的奶粉廠商，舉辦抽獎活動，「頭獎 20 名招待到紐西蘭旅行 7 天，二獎 40 名贈送紐西蘭羊毛被一條，三獎 500 名贈送紐西蘭食品特產」，奶粉廠商在廣告中常標榜是「特別由清純乾淨的紐西蘭」所進口的奶粉，如此「產品特性」與「抽獎活動」規劃緊密結合，使商品更引人注意。

2.引起消費者(對產品、對抽獎活動)的注意

消費者處於廣告資訊爆炸的時代，每天面對各種產品廣告的資訊氾濫，廠商唯有舉辦大手筆的抽獎活動，藉刺激消費者的注意力，才能突破重重困難，引起消費者對抽獎活動的興趣，進而吸引消費者對本公司產品的注意。

3.鼓勵經銷商加強陳列本牌產品

舉辦大規模的抽獎活動，再配合廣告宣傳，吸引消費者踴躍參加，而帶動經銷商的營業交易，提升銷售業績。因此，舉辦抽獎活動會鼓勵經銷商多進貨、加強商品陳列。

4.進行企業聯盟

企業可與其他企業進行「策略聯盟」，一起舉辦抽獎活動，藉策略聯盟而增長企業實力，設法提升產品的競爭力。

（二）舉辦抽獎活動的重要活動規則

1.參加資格

企業通常會提出參加者資格限制，符合此條件即可合格參加本活動。

例如一次購貨一箱飲料，送「抽獎單」一張；或是某汽車廠商可限制參加者條件為擁有駕照的人；香煙廠商則可限定年滿二十歲才可參加。因此，符合參加資格條件的敘述，理應愈詳盡愈好。

各地區均有不同的促銷法規，廠商必須瞭解並加以尊重，以免屆時惹麻煩。此外，為了避免徇私的嫌疑，廠商應嚴格限制公司員工及廣告公司或促銷公司的員工，均不得參與抽獎活動。

2.購買要求

除了「參加資格」的基本條件，廠商也許會另外設定「購買要求」條件。例如廠商為鼓勵消費擴大消費量，特別規定「一次購買一整箱」才具備參加抽獎資格，或是「寄回產品包裝袋」才能參加抽獎活動。

3.抽獎活動的活動方式

抽獎活動的方式多種多樣，其中以方法新穎、吸引消費者參加而利於廠商作業為原則。一般常見方式，如下：

(1)填卡抽獎：只要填妥姓名、位址的資料卡，寄至某郵政信箱收，便可參加抽獎(應詳述附寄購物憑證或產品標籤紙、產品盒蓋等條件)。

(2)幸運對號抽獎：將您手中的抽獎卡，與廠商公佈之中獎號碼核對，如果相同，即表示中獎，然後詳填姓名、地址，連同此卡，一併以掛號郵寄至某信箱，即可獲獎。

(3)產品包裝內含有「抽獎單」，可憑券參加對獎。

(4)憑廠商售貨後所開立的發票，核對發票號碼後三碼，與開出獎項號碼相符者，即可以對號領取獎品。

4.反應產品意見的抽獎活動

在指定的參加表格內,詳填姓名、地址,並以最多二十五個字完成「我喜歡甲商品原因是……」之描述,連同商品盒蓋一起郵寄至×××信箱即可。

5.獎品的規劃

針對抽獎活動而言,最重要的特色,就是提供一個比實際支出金額更多優惠的活動。例如,中獎者旅遊歐洲,或贈送名貴轎車。因此,獎品是主宰競賽或抽獎活動成敗的關鍵,通常,獎品組合均採金字塔形,即一個高價值的大獎,接著數個中價位的獎品,及數量龐大的低單價小獎或紀念品。

為了令消費者更有中獎機會,可以採取「連續式的抽獎」機會,參加者此次未抽中,可以繼續參加下一次的抽獎機會。例如「早買早抽獎,一共 6 次抽獎,獎獎不落空」,該促銷活動在 4 月份舉辦,每月抽獎一次,若沒有抽中,可再度參加下一次的抽獎機會,期間 6 個月,一共有 6 次抽獎機會。廠商對消費者的廣告訴求是「早買早抽獎」,其實,同樣多的獎品由參加者來抽取,對廠商而言,並未多增加額外成本。

6.抽獎方式

如何抽選出贏家以得到獎品,較為常見的抽獎方式有:

(1)直接式抽獎:即中獎者是由所有參加來件中抽出。

(2)對獎式抽獎:廠商事先選定的數字或標誌,經由媒體告知消費者,參加者只要符合此已選定的數字或標誌,即可中獎。

(3)機運式抽獎:另一種更快速的對獎式抽獎方式,就是稱為「刮刮樂」的卡片。參加者獲得卡片後,可簡單地刮去上面的塗料,再將卡片上顯示的數字或標誌,與廠商事先選妥的數字或標誌比對,符合與否,即可知道是否中獎。

7.參加次數

要明示消費者可參加的次數，例如：

- 每人僅限一次
- 不限次數，隨興參加
- 循環參加，未抽中者可連續參加，直到結束活動

8.以誠信方式加以抽獎

為顯公平取信於消費，以及保持廠商良好的信譽，應採用可令一般人信服的抽獎方式加以抽獎，抽獎現場宜有公正人仕(律師、會計師)、消費者代表、官方人物、記者等在場監督，以避免因為「內部作業」而遭人疑忌。

9.截止日期、抽獎日期、公佈中獎日期等之明確訊息

不論任何抽獎活動，均應特別標明截止日期、收件地址。而對於以郵寄參加者，其截止日期應以郵戳為憑。至於抽獎日期或評選結果日，以及中獎名單的公告與宣佈日，亦應詳細註明。

（三）抽獎活動的例子

例如信用卡的髮卡銀行，為提升業績，有兩個業務重點工作，一個是：「努力增加持卡人」，持卡人愈多，愈有機會刷卡消費，髮卡銀行可賺取其中的種種利潤；另一個是「鼓勵持卡人儘量消費」，消費者多刷卡，成為「重量級消費者」，髮卡銀行可賺取「代收利潤」。

MASTER CARD 髮卡中心本身就有舉辦各種優惠促銷方法。

（一）第一重　刷卡賞金銀

活動期間消費累積達以下金額，即送加拿大純金楓葉金幣或虎年紀念幣。

滿 20 萬送 1/20 盎司加拿大純金楓葉金幣乙枚。

滿 40 萬送 1/10 盎司加拿大純金楓葉金幣乙枚。

滿 80 萬送 1/4 盎司加拿大純金楓葉金幣乙枚。

滿 100 萬送 1/10 盎司虎年紀念金幣及 1 盎司銀幣各乙枚。

滿 150 萬送 1/2 盎司虎年紀念金幣及 1 盎司銀幣各乙枚。

（二）第二重　消費抽好禮

消費累積每滿兩千元，就有一次抽獎機會，消費愈多中獎機會愈多。

特獎 1 名：送王記汽車 98，新車款 ACCEN7 1500C.C.轎車。

頭獎 1 名：送洋洋旅行社「夏威夷七日自由行」。

貳獎 2 名：送洋洋旅行社「關島希爾頓假期自由行」。

三獎 3 名：送 SAGEM GSM 900 RC 730 行動電話。

肆獎 200 名：送「說亦通」國語聽寫系統 100 套及「股神通」網際即時股票分析系統 100 套。

伍獎 800 名：送高級休閒旅行袋。

（三）〈雙享重擊〉抽獎活動注意細則

1.1998 年年 5 月中旬公開抽出。

2.特、頭、貳、三獎得獎人，請至指定地點兌換獎品，肆、伍獎獎項，將以郵寄方式寄出。得獎名單於 6 月份報紙公佈。以上中獎者本銀行將以專函/電話告知。

3.在抽獎結果公佈後兩個月內，如得獎人未能前來領獎，會視作棄權論。

4.消費累積金額以正卡持卡人身份證字型大小為主。

5.消費累積以 1998 年 1─3 月之消費金額為準（特約店位於 4 月底前向本行請款之消費，礙於統計將無法列入計算）。

6.凡獎項金額超過新臺幣 4,000 元（含 4,000 元），應依獎項金額扣取 15%的稅款；獎項金額在新臺幣 1,000─3,999 元，不須扣繳稅款，但仍應填列免扣繳憑單申報。此外，中獎人則不論獎額多寡，均須按獎項金額扣取 20%之稅款，並依規定填單申報。

7.得獎人得獎當時，須無不良紀錄（如逾期繳款、停卡）自為正常使用之持卡人。

8.贈品以實物為準，圖片僅供參考；贈品不得轉換成現金或其他贈品。

9.夏威夷、關島自由行之旅遊行程不合簽證費及護照費，若單人住一房，須彌補房間價差，並於 6/20 前出團，其出發日期必須配合旅行社出團日期。

除此之外，某銀行所代發的 MASTER CARD，為了回饋卡友的支持，舉辦「雙享重擊」刷卡贈大獎活動，自 1998 年元月至 3 月底，只要持有該銀行所代發的 MASTER 信用卡消費，就有「雙享重擊」獲獎機會。

又例如，連鎖經營的百貨公司，為增加客戶前來購買，特別舉

辦「歡樂假期大贈獎」活動。活動規定只要購貨每滿 1,000 元即送彩券 1 張,購買金額愈高,彩券愈多,獎品豐富:壹獎 24 名各得「高雄到菲律賓蘇比克灣三日遊」,包括來回機票、食宿;貳獎 24 名,各得「國際大飯店兩天一夜,豪華雙人住宿券」;參獎 48 名,各得「高雄到菲律賓蘇比克灣來回機票 1 張」。所有得獎者在 2 月 9 日全省平均抽出。

41

會員制行銷手法

促銷工具 ＼ 介紹

企業花費相當大的精力,以開發客戶,增加業績,惟根據統計,在市場競爭法則下,廠商仍會喪失若干客戶,廠商每年均在「開發客戶」率、「留失客戶」率二者之間互有增減。

促銷工具 ＼ 疑難雜症

在經濟不景氣、開發客戶日漸困難的情況下,廠商若不採取計劃性的留住老客戶,固定客戶群,未來勢必十分吃力,因此造成愈來愈多的企業採行「會員制」以求鞏客戶群。

促銷工具 ＼ 對策

(一)採行「會員制」，固定老客戶之理由

1.推銷上所謂 AIDBA 原則其中的「A」是注意，「I」是興趣，「D」是慾望，「B」是信心，「A」是決定購買。通常靠電視、報紙等傳播工具時，可引起消費者注意，但進一步使消費者發生興趣，激起購買慾望，當以消費者的口頭宣傳最為有效，尤其在比較階段，老顧客從旁贊成，收效更大。

2.消費者常會基於共同興趣而對某一品牌或商店有認同感，藉以表示自己的社會地位、身份與經驗，故應尋求此類型之客戶，並加以有計劃的組織，接受企業的掌握和管理，以便連鎖反應，產生更多的客戶。

（二）採行「會員制」固定老客戶之方法

提升客戶的忠實度，以便長期固定客戶的「會員制」方法有許多：

1.友會制度：募集會員，提供特殊性的服務，如烹調研習會、美容化妝教室。此種制度的功用除固定顧客外，還可培養意見指導者。

2.顧客登記制度：將現有的顧客或有可能惠顧的顧客登記於帳簿，每逢有宣傳節目、展覽會、拍賣會時，便將有關資料、招待券或優待券立即寄送，藉以建立關係。

3.卡券制度：對於特定老客戶，可贈送記名的購物卡片或證件，憑以記帳購買物品，亦可現金折扣優待，如百貨公司發行的「記帳卡」。

4.會員制度：對於特定會員（客戶）提供特定銷售服務的制度。

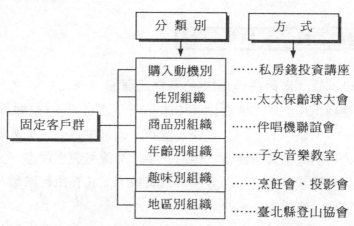

分 類 別		方 式
固定客戶群	購入動機別	……私房錢投資講座
	性別組織	……太太保齡球大會
	商品別組織	……伴唱機聯誼會
	年齡別組織	……子女音樂教室
	趣味別組織	……烹飪會、投影會
	地區別組織	……臺北縣登山協會

（三）「會員制」行銷手法介紹實例之①

電影公司投資開設連鎖經營的電影院，在競爭激烈的市場中，為鞏固客戶，能確保客戶持續性的常到連鎖電影院來看電影，推出「電影院貴賓卡」，持卡者可享受一系列的貴賓優待禮遇。例如，「電話購票、開演前取票」的好處。其「電影院貴賓卡」辦法如下：

1.「貴賓卡」所繳費用，無息金額退回

申請人只要填具「申請表」，繳交「預訂票保證金」，即可加入「貴賓卡」會員。

貴賓卡預訂票保證金為 NT$1,000 元，公司所收取持卡者之預訂票保證金於到期時，無息退還持卡者，但持卡者持卡期間不得以任何藉口要求退還。

2.各連鎖店電影院一律以「早場電影特惠票價」優待貴賓

不限早場，任何場次都以早場電影特惠票價，回饋貴賓卡會員，不僅讓您觀賞好片、大飽眼福，更讓您省了荷包。

3.可享電話預約訂購電影票（限 8 張），不必再排隊買票

看電影不必再大排長龍排隊買票，只要在開演前 2 小時一通電話訂票，開演前 10 分鐘取票，就可輕輕鬆鬆看電影；貴賓卡會員電

話訂票,每次最多可訂購 8 張,與朋友、家人共用輕鬆歡樂時光。

4.各電影院均特辟有 VIP 貴賓室,供您休憩,並由專人將電影票送到手中

享用 VIP 貴賓室各項設施,備有茶點、書報雜誌、月刊,以供休憩,輕鬆等候電影開演,有專人爲您送票到手中,不必再辛苦排隊取票。

5.可在各電影院專櫃消費享有折扣優惠

在各地區影城,都設有各類型精品專櫃,應有盡有,除了欣賞電影,還能夠同時享受逛街購物的樂趣,是假日、休閒的最佳去處。

6.在全省多家加盟聯營錄影帶店出租本公司發行的錄影帶,憑貴賓卡及折價券(由本中心寄發),即享有 9 折優待

本公司擁有全國錄影帶的龐大發行量及發行網,只要帶著貴賓卡及折價券,到全省加盟聯營錄影帶店出租錄影帶,即享有 9 折優惠。

7.提供最新電影首映會、影友會、歌友會、演唱會……等相關活動資訊,並享有折扣優惠

將不定期舉辦電影首映會、影友會……等,日後將透過貴賓卡會員刊物或其他媒體,告知最新、最快的相關活動資訊,讓您立即掌握先機,更享有活動優惠。

8.與各企業共同舉辦各類型活動

現正陸續與百貨業者、食品業者……等各類型企業洽談各種相關活動的籌辦事宜,日後也將寄發給會員刊物或其他媒體,告知活動最新訊息,提供優惠,分享會員。

(四)「會員制行銷手法」介紹實例之②

哈雷機車,曾因爲日本機車大量傾銷而瀕臨破產,但十年後,又以高成長的業績重挫日本商人,贏得「道路之王」的美譽,這其

間的變化，即是該公司巧妙地「維繫與老顧客間的關係，並使老顧客再度成爲銷售對象」的功勞。

哈雷機車的車主，對哈雷公司所表現的高達 90%的顧客忠誠度，令人驚訝！其中「HOG 俱樂部」尤其貢獻卓著！有關「哈雷俱樂部」的會員式行銷手法，介紹如下：

「HOG」代表哈雷機車，而 HOG 俱樂部在 1983 年正式成立。第一年的會員證，是購車時免費提供給哈雷車主的。之後，每一年的年費是三十五美元，每年並視情況調整會費。在這種情形下，他們的會員人數在十年內從三萬五千人(即第一年的機車銷售量)，穩定成長到目前遍佈世界的二十萬名會員。

HOG 俱樂部的重要任務，就是極力避免購買者在買了哈雷機車一、二個月後，就想換其他廠牌的機車，或是不知道那裏才可以悠遊馳騁，那條道路騎起來才安心，或是懷疑朋友們並沒有成爲會員，買車的決定是否正確……等等對哈雷機車消極性的想法。而哈雷的會員是不用擔心這類問題的，因爲，會員可由俱樂部出版的雜誌得知。哈雷十分關心各項活動與優惠事項，並致力於將他們單純的騎士身份轉變爲快樂愛車族。

HOG 俱樂部對會員熱心，服務完善，所提供的各種活動受用無窮：

字母之旅：這是一項結合積點活動和真實生活旅遊的一項獎勵措施。每當騎士在任何以不同字母開頭的地點，不論鄉鎮、城市、郡、州、國家公園或其他國家與自己的哈雷機車合影時，便可獲得一分。如果又出席當地的 HOG 俱樂部便又可額外獲得一份。當積分累積到二十點，可獲得一枚勳章；集到三十點，除了勳章外，還有一面錦旗；集四十六點更可得到這兩者之外，一項字母之旅的帽子。最高獎項是價值五百萬美元的禮券，前十二名可得到不同的機車週邊配備。

緊急支援服務：提供會員距服務站五十哩以內的車輛拖吊服務。

滑翔及騎騁之樂：會員們能在美洲、加拿大、澳洲、德國等十個著名的旅遊中心租用哈雷機車！（不論你到那裏，哈雷都會陪伴你）

HOG 旅遊中心：這是一個旅行代辦中心，邢兒提供會員們訂機票、租車、訂房等多項服務。

保險計畫：一家由哈雷百分之百持股的子公司，為你的哈雷機車以及所屬配件，提供合理的保險理賠的保險服務。

哩程贈勳計畫：為鼓勵在一定時間內完成不同哩程記錄的車主，特頒一枚徽章、紀念銅牌……等記錄獎章。

資格鑑定：凡加入 HOG 會員達十年者，HOG 將會把您的大名鑲在榮譽榜上。

一千美元懸賞獎金：從會員年費提撥的基金，用意在於打擊偷竊哈雷機車的偷兒，凡是能抓到哈雷機車竊賊，或協助破案有功者，可得到一千美元的獎金。

旅遊手冊：共發行北美、歐洲、澳洲等三種版本，每一種版本均附有詳盡的地圖，圖上並特別加註所有城市中「哈雷企業代理服務站」及其它寶貴的旅遊資訊。同時，手冊中另附有氣象圖表，各城市的旅遊辦事處、各地特殊風俗、國家公園及客戶資訊……等資料。

獎助學金：凡會員通過「機車安全基金會」所舉辦的騎士訓練課程，並獲頒結業證書資格者，可申請價值五十美元的折價券，同時可得到一個刻有「安全技能騎士」字樣的徽章。

愛章族雜誌：這是一份自 1916 年即由熱愛哈雷的人士所籌辦的趣味性雜誌，每年出版三次，是目前發行歷史最久的機車雜誌。

HOG 樂園：這是由哈雷騎士們所出版的正式刊物，每年共出刊

253

六期。內容有豐富的新聞消息、圖片、哈雷聚會行事曆、個人精彩照片及會員的生活特輯、由哈雷會員現身說法,描述馳騁冒險的「HOG故事」…」,以及由「哩程統計團體」提供的會員哩程獎勵計畫排名資料、機車的問卷調查,還有專家們為您回答有關機車的種種問題。

本地 HOG 話題:這是哈雷代理商所贊助的活動。在活動中,您將認識新朋友、參加活動與各項聚會,是一項多彩多姿的休閒活動。

42

中間商銷售競賽

促銷工具 ＼ 介紹

中間商銷售競賽,就是在經銷商之間、零售商之間展開的既定目標完成情況的競賽,生產商依照一定的規則,對優勝者進行獎勵。

生產商如果在同一市場上通過多家中間商來銷售本企業的產品,就可以發起由這些中間商所參加的銷售競賽活動。這是生產商常用的激勵中間商的促銷方式,目的在於激發參賽者的熱情,鼓舞參賽者的士氣,增強廠商凝聚力,提升銷售業績,實現銷售目標。此外,企業也希望通過銷售競賽加強與中間商的關係,密切彼此的配合。

同類產品或服務的不同品牌之間的競爭,往往在銷售管道上表現得十分激烈,即爭奪經銷商、零售商之戰。在這種爭奪戰中,舉

辦中間商銷售競賽活動是一種重要武器，因而有時中間商銷售競爭會愈演愈烈，不斷升級。管道的暢通是所有企業保持生命、實現行銷計畫的關鍵所在，而中間商在行銷體系中佔據重要的地位。在所有的中間商促銷中，中間商競賽是生產商常用的促銷手段，事實證明，中間商競賽確實是行之有效的。

促銷工具　疑難雜症

一、中間商銷售競賽的步驟

廠商展開的競賽形式多種多樣，不僅僅是銷售量的競賽，還有其他諸如服務品質、銷售技術等形式競賽，關鍵要結合企業的實際情況和競賽目標來確定比賽形式。

1.確定競賽的目標

企業實施中間商銷售競賽的最終目的是促進產品的銷售量，但是在新品上市初期，也會以加深中間商對企業產品的印象，與中間商建立良好的夥伴關係為主要目的。只有確定了競賽的目標，才能在此基礎上選擇適合的競賽形式。

2.選擇競賽的形式

根據企業目標的不同，可以選擇不同的競賽形式。一般來說，企業常採用的競賽形式有以下幾種：

⑴銷售量的競賽

這是企業最常採用的競賽形式，也是所有競賽形式的最終目標，即提高產品的銷售量。銷售量競賽又包括購買量競賽、總銷售量競賽、基於配額的銷售競賽、新產品或庫存產品的銷售競賽以及銷售額增長速度競爭等幾種形式。

(2)陳列競賽

中間商的陳列競賽包括「質的競賽」和「量的競賽」兩種。「質的競賽」在於提高陳列的技術，內容包括陳列的創意和外觀的美感等；「量的競賽」在於提高和確保企業產品在賣場的貨鋪佔有率，內容包括陳列在貨架上的產品數量和陳列的位置兩個方面。

(3)店鋪裝飾競賽

店鋪裝飾競賽是指在促銷活動中，零售商利用生產商提供的POP 廣告，或利用店內自有的器材對店鋪進行裝飾，生產商根據裝飾的效果評比優劣，並給予優勝者一定的獎勵。競賽評比內容包括售點廣告數量的多少和售點廣告感染力的強弱。

(4)銷售技術競賽

銷售技術競賽是以經銷商或零售商的店員為對象，評比項目包括接待技巧、勸說技巧、推銷口才、商品知識、商品功能現場演示技巧、包裝技巧、理貨速度、計算技能、商品庫存管理、商品貨架擺放技巧、售後服務技巧等。這種競賽一方面能提高店員對產品的認識，提高產品的銷量，另外，由於企業人員經常會上門對店員進行商品知識及銷售技巧的培訓，會促進雙方的人際關係發展。

(5)創意競賽

創意競賽是對廣告語、新產品命名、產品設計及改進、產品新用途以及商品陳列、售點廣告等進行設計而展開的競賽，它能夠較好地激發參賽者（主要是中間商的店員）的主動性與創造性。首先，創意競賽可以幫助生產商搜集到市場對產品的回饋信息。由於店員直接接觸廣大消費者，消費者對產品的意見與感受會集中地反映到店員那裏，店員提出的產品改進意見或產品新用途的開發，對生產商來說是一種寶貴的信息財富。其次，創意競賽還可以促使店員學會獨立思考，提高行銷意識，使他們感受到生產商和商家的凝聚力，從而改變過去那種被動、消極的銷售狀態。

256

(6)服務競賽

服務競賽是針對中間商服務態度以及技能而展開的競賽，汽車行業經常使用此種競賽方法。例如，奧迪自 2002 年起，每年都舉辦經銷商主題服務競賽，如 2002 年主題為「奧迪專業技術競賽杯」服務大賽、2003 年「奧迪雙杯」服務競賽，由全國經銷商技術、服務、配件、銷售等相關人員參與競賽，最終評比出競賽冠軍和優勝者。範圍之廣、規模之大（如 2002 年競賽活動有 51 家經銷商、131 個團隊參加），在業內罕見。

3.制定競賽的規則和獎品

這對競賽實施的效果有非常大的影響。競賽規則應公平、公正，獎品也應呈現層次化。

4.過程監督與輔導

中間商的競賽活動離不開企業的支援與輔導，企業也需要監督中間商是否按規則進行競賽。

5.獲獎者評選

評選標準要準確、清晰，並告知獲獎者獲獎的原因，以明確其今後努力的方向。

6.獲獎信息發佈及頒獎

獲獎信息可在行業期刊或公司內部刊物或相關信息報導的期刊雜誌上進行發佈，並給獲獎者頒獎。

二、中間商銷售競賽的實施要點

1.獎品要有吸引力

只有獎品具有吸引力，中間商才會積極地參加。獎品根據競賽活動規模的大小以及企業的實力不同有所差別，但必須要保證對中間商有一定的吸引力。獎品包括實物和榮譽兩部分。實物獎品能給

中間商帶來實實在在的利益，例如，汽車、旅遊等獎勵。榮譽獎品是獲獎者得到的認同，如「銷售冠軍」等稱號，榮譽獎勵是對中間商的一種認同，而且這種榮譽會在組織間流傳開，極大地滿足了中間商自我價值實現以及獲得尊重的需要，因此對中間商也有非常大的激勵作用。

2.獎品的涵蓋面應該廣

由於獲得前幾名的人畢竟是少數，而很多中間商受自身實力和客觀因素的影響，很難獲得前幾名的獎品，因此參加活動的積極性都不是很高。企業可以採取對獲獎者重獎，而對積極參與並有進步的中間商也給予「積極參與獎」、「進步獎」等獎勵的方法，以擴大競賽的影響面。

3.競賽規則要考慮到實力一般的中間商情況

對於實力較強的中間商，實力較弱的中間商可能沒有辦法與之競爭，因此較弱的中間商參與競賽的熱情不高。針對這種情況，可以採取與上年同期比較、與其他商品構成比較、目標達成率等作為競賽基本準則，也可以把同類經銷商按不同規模劃分為幾個等級，不同的等級設立不同的銷售量考核標準，以促使更多的中間商參加銷售量競賽活動。

4.獲獎條件及獎品應公開透明，並做好宣傳工作

銷售競賽應事先向所有參加者公佈獲獎條件、獲獎內容。這一方式可以極大地提高中間商的參與率和推銷熱情。

5.競賽規則要公平、公正

為了達到競賽的效果，競賽的規則必須公正合理，使每一個中間商或零售商都有公平競爭的機會。否則，中間商會拒絕參與競賽，中間商對企業的忠誠度也會受到影響。

6.獲得中間商的支持

在生產商對消費者開展促銷活動時，如果中間商願意協助實

施，整個促銷活動將更容易獲得成功。是否能獲得中間商支持的關鍵在於獎品以及比賽規則的設置。

7.過程監督和輔助工作非常重要

企業應該時常檢查比賽活動的進行狀況，督促中間商積極參與競賽，對競賽中的失誤要馬上進行糾正，對於中間商的一些困難也要積極予以幫助和輔導。

8.獲獎情況要在企業內部和外部積極宣揚

在競賽結果評定發佈階段，企業一般都會舉行公開的表彰會，有實力的企業還會邀請媒體參加。這樣一方面可以通過獲獎者的示範作用來激勵所有的中間商，擴大活動的影響面，另一方面也讓獲獎者倍感榮耀。此外，還可以向社會宣揚企業積極的形象。

促銷工具　　對策

中間商銷售競賽作為一種促銷方式運用相當普遍，最經常使用中間商競賽的有軟體業、IT 行業、汽車業、移動 PC、非處方藥、飲料等快速消費品等。這種促銷方式的關鍵在於競賽獎品和規則的設置，設置不當的話，會起到反面的效果。

在實施競賽激勵時，要全面考慮到在既定的目標激勵條件下可能產生那些負面影響。例如，在進行銷售量的競賽時，中間商為了獲得獎品，可能會擴大賒銷的幅度，也可能降價出售，這對企業都是不利的。因此，企業在對銷售量進行激勵時，應事先對中間商可能產生的負面行為進行約束，否則，激勵的結果很可能是「顧此失彼」。

促銷工具 ＼ 案例

為了激勵零售商的進貨積極性，廠商開展了一次十大除草劑零售商的評選工作。公司首先通過內部報紙，向基層的幾千家零售商發佈了競賽的消息，其具體的操作辦法如下：

每箱產品中放置一張抽獎券和一張調查。抽獎券分正、副兩聯，正券由零售商保存，以備查詢是否中獎和兌獎；副券則由零售商寫上姓名、地址、郵遞區號，並把它與填好的問卷一起寄回益農公司，益農公司則根據寄回的抽獎券的數量來評選 10 大零售商。抽獎券郵寄的截止日期為 1999 年 9 月 30 日。獲獎者可獲得 29 英寸電視機。這樣的競賽規則能夠刺激實力強大的零售商多進貨、多銷貨。

但是對於零售實力不強的企業可能缺乏吸引力，起不到激勵的作用。因此，公司同時規定，對於所有在 9 月 30 日之前（以郵戳為準）寄來的抽獎副券可參加抽獎。抽獎在 10 月 31 日進行。設一等獎 5 名；二等獎 20 名；三等獎 20 名，獎 VCD 影碟機一台；四等獎 50 名，獎自行車一輛；紀念獎 1000 名，獎精美禮品一份。對中獎者將用專函進行通知。由於這種抽獎是完全憑運氣，有可能寄來一張就能中獎，因此有效激勵了中小型的零售商參加活動，達到了促銷的目的。

43

陳列競賽法

企業爲了激起零售商配合陳列的積極性，可以在終端售點之間開展陳列競賽活動。陳列的目的在於通過提高商品的陳列數量、時間以及品質來提高產品的銷量。一般來講，商品的陳列越美觀，而且同一種商品的陳列數量越多，陳列區越容易被顧客注意，其銷售量就越容易增加。因此，企業常常使用這種競賽來激勵零售商，以實現銷售量的增加。

陳列競賽在短期內能擴大產品銷售，具有其他促銷方法不可比擬的優勢。它能夠向零售商提供精神和物質兩方面的刺激，並爲零售商樹立一個橫向比較的參照系，因而，能更有效地激起他們的積極性。

促銷工具 疑難雜症

一、陳列競賽的分類

陳列競賽有「質的競賽」和「量的競賽」兩種，根據商品的特性不同，側重點也不同。例如服裝等側重於質的陳列，而一些日常用品則側重於量的陳列。

1.質的競賽

即商品陳列的創意、陳列藝術等方面的競賽，目的在於提高經銷商和零售商的商品陳列技術。

2.量的競賽

包括對陳列在貨架上的促銷商品數量和陳列位置兩個方面的競賽，目的在於提高和確保促銷商品在經銷商及零售商貨架上的佔有率。

二、陳列競賽的步驟

1.確定競賽目標

競賽目標應該具體並且可衡量。陳列競賽的目標有：提高產品終端賣場鋪貨率、刺激目標用戶的購買欲、擴大產品認知度、提升廠家形象、建立良好的客情關係和信息回饋系統等，但提高產品銷售量才是活動的終極目的。

2.前期市場調研及政策支持工作

就陳列競賽而言，終端賣場資料尤為重要。深入的市場調研、詳細的終端賣場檔案資料是開展陳列競賽的基礎。一般來說，企業業務代表在日常拜訪中，都應詳實記錄以下幾方面的資料：

(1)終端賣場的詳細位址、郵遞區號、電話號碼；

(2)終端賣場的性質、主要負責人、主要目標店員的姓名及聯絡方法；

(3)終端賣場的進貨管道、付款方式及資金情況；

(4)終端賣場的經營規模、營業面積、經營品種；

(5)瞭解終端賣場對經銷商和生產廠家的活動配合度；

(6)瞭解終端賣場常採用的促銷方式，那種方法效果最好；

(7)瞭解終端賣場管理人員對促銷品的建議以及最受他們歡迎的促銷品。

對以上資料進行科學的整理、歸檔和分析，並依次對賣場進行級別評定，如通用的 ABC 三個等級。瞭解賣場的分佈、分級，營業情況及連鎖店的多少和連鎖店對陳列競賽的態度。

3.競賽方案及計畫

根據詳細的終端賣場資料，制定一套詳細的陳列競賽方案。包括參與對象的確定、活動的起止時間、費用預算、人員安排、競賽評比規則、評委及獎品等一系列安排。

(1)活動時間：要根據特定的目標來定，但最好選擇有電視廣告配合的時間，可起到很好的輔助作用。

(2)活動安排：活動安排要盡可能詳細、具體，要求有實效性與可操作性。

(3)陳列競賽評比細則：可含商品陳列面、產品專櫃、陳列位、同類產品的陳列位置、第二陳列位和 POP 擺放等內容。如商品陳列面這一細則中規定總共 10 分，若商品陳列面大於 5，得 10 分，每少一個扣 2 分。

(4)評比方式：評比方式應該根據比賽區域和產品狀況而定，常用的有照片評比、日常評比和抽查評比等方式，也可綜合運用。

(5)獎勵：根據比賽規則選出優勝者，並給予較大的獎勵。對於

中小賣場，該獎項則可以和條幅、燈箱聯繫在一起，即洽談條幅、燈箱協定時將產品擺放作爲重要條件包括在內。

(6)人員職責與考核方法：人員包括活動期間行銷策劃人員、辦事處主任（地區經理）、業務代表和臨時人員等。應該明確相關人員的職責，並制定公平、科學的考核體系，這往往是活動成功與否的關鍵。

(7)費用預算：包括人員費用、膠捲沖洗費、陳列獎獎金及獎品等。預算安排根據各地區情況進行，應盡可能詳細，以減少執行人員操作上的麻煩。

總之，陳列競賽計畫及預算案應盡可能詳細，具有較強的可操作性，要達到一個不懂任何陳列競賽的人根據計畫就可以操作的程度。

4.競賽宣傳

主要目的是積極號召零售商加入競賽，並充分激起零售商的熱情。企業可通過以下方式向零售商宣傳競賽的信息：在公司內部刊物中發佈競賽消息，向零售商郵寄競賽通知，店內張貼海報和進行POP 廣告宣傳，在有關的報刊上刊登競賽消息。

5.陳列競賽引導與管理

企業營業代表拜訪零售商，鼓勵其參與活動，並引導如何爭取獲獎機會。同時，企業還需不定期地派人進行陳列檢查工作，檢查零售商是否按照活動的要求在進行陳列。

6.競賽評估

陳列競賽的評委可由當地影響較大的批發商、零售商、媒體人員以及企業組織人員等組成。評委應根據實際情況，公平、公正和公開地進行評估。

7.競賽獎勵

根據事先的規則向獲獎者頒發獎品，所有參與者都要有獎品，

獎品要有紀念意義。企業不僅要針對成績優良者給予獎賞，而且對其他參加者也要準備一定的獎品。由於這種活動主要是靠獎金和獎品來吸引零售商參加，若所設獎項數量有限，部分零售商投資了一定的人力、物力參加了比賽，卻得不到任何獎項（甚至安慰獎），容易帶來一定的負面影響。在頒獎時，對得獎者的獲獎理由，應予具體講解，使全體人員都能清楚，以達到教育零售商的效果。而且，要營造熱烈的頒獎氣氛，以增加人們對下次競賽的熱情。

促銷工具　　對策

要想使產品儘快地推向市場，經銷商和零售商發揮了非常重要的作用，所以在激烈的市場競爭中，企業為激勵銷售而開展各種競賽活動，陳列競賽能更有效地激起他們的積極性。但對經銷商和零售商而言，來自各方的競賽方法已經司空見慣，他們對參賽的熱情並不高。因此，為保證陳列競賽能夠圓滿成功，在制定促銷方案時，活動組織者應認真研究以下問題：以不同目的設計不同的陳列競賽；區分參加競賽的對象；讓更多的經銷商或零售商參與競賽；制定合理的評價標準和獎賞制度提高競賽活動的效率。

要讓更多的中間商參加陳列競賽活動，一個關鍵因素是企業的營業代表。營業代表必須「挨家挨戶」地巡迴拜訪，向經銷商或零售商詳細說明參加競賽的意義以及參賽的具體辦法，鼓勵其積極參加活動，並指導他們如何爭取獲獎機會。

44

銷售管道成員獎勵

促銷工具　　　介紹

　　銷售管道成員獎勵是指生產商制定一定的標準，對於達到標準的中間商給予獎勵。其目的在於激發管道成員的積極性，使其產生內在動力，朝著其所希望的目標努力。

　　管道成員獎勵與進貨折扣、進貨贈送等方法的區別在於，它是事後獎勵，只有在中間商完成任務，達到某種要求後，中間商才可獲得獎勵，因此，它更具有現實性。

促銷工具　　　疑難雜症

一、銷售管道成員獎勵的操作要素

1.獎勵週期
獎勵週期一般分為年度銷售獎勵和階段銷售獎勵：

(1)年度銷售獎勵
　　廠商在年初事先設定銷售目標，如果經銷商或零售商在一個經營年度內達到了這個目標，則給予一定的獎勵；如果超額完成，則

266

提供更高的獎勵。年度獎勵的週期較長，一年只需要進行一次，生產廠商的獎項評選、財務核算等工作要簡單、輕鬆得多，但是即時獎勵的效果較差。

(2)階段銷售獎勵

為了實現某一段時間內的銷售目標，廠商也會進行階段性的獎勵促銷。短期獎勵具有即時的激勵性；同時，結合市場特性制定的銷售目標，也為中間商實現目標提供了現實的可能性。另一方面，一年中不同階段的銷量不僅構成了全年的總銷量，而且對保持和搶佔市場比率、有效阻擊競爭對手也至關重要。因此，實行階段銷售獎勵還能夠幫助廠商獲取最大市場比率，以及進行管道管理的過程控制。

2.獎勵幅度

獎勵幅度是指製造商給予管道成員多大的獎勵，獎勵幅度的確定要考慮以下內容：

(1)企業利潤水準

企業在確定獎勵的總額時，往往以獎勵總額佔企業總利潤的百分點來衡量，企業利潤水準高，獎勵總額相對也就高些。

(2)成本與效益

任何企業在制定其員工激勵機制的時候，都會考慮到機制的成本以及效益的預期。從財務角度上來說，任何的激勵機制對於企業來說都是一種成本，所以必須綜合評估其所能產生的效益以及實施所需的成本。

(3)競爭對手

獎勵的幅度需要參考競爭對手的中間商獎勵水準，只有高於競爭對手獎勵水準，才能讓管道成員感受到實實在在的獎勵，對中間商才具有吸引力。

(4)差異性

根據不同任務完成的情況，實施不同的獎勵幅度，不能「一視同仁」、「一刀切」、對所有人的獎勵程度都一樣。

3.獎勵標準

獎勵的標準不僅僅是產品的銷售量，也可以是回款數額、專銷和管道滲透、價格執行、陳列堆碼、廣告展示、網路維護等因素，這要根據企業的獎勵目標來確定。

為兼顧不同中間商的銷售能力，廠商還可分設不同等級的獎勵標準，獎勵額度也逐級增加，以鼓勵中間商們向更高的銷售目標努力。

4.確定獎勵形式

(1)常見的獎勵形式

傳統的獎勵形式是返還一定比例的折扣，目前越來越多的廠商改變了原來的直接返利方式，選用運輸工具、電腦、管理軟體、燈箱廣告等作為獎勵的物品，或者提供人員培訓、旅遊、考察的機會，以幫助客戶提高經營管理水準作為獎勵的形式。

(2)根據管道成員的需求，確定獎勵的形式

具體採用那種獎勵形式，需要參考中間商的需要。根據馬斯洛的需求層次理論，人的需求分為由低到高五個層次：生理的需求、安全的需求、社會的需求、尊嚴的需求、自我實現的需求。處在不同的發展階段或是不同的層次的人，他的需求是不同的。依據這一理論，生產廠家也應該區分中間商所處的不同層次，對管道成員的不同需求給予不同的激勵。例如，大賣場對非現金的獎勵興趣索然，除非這是作為對消費者的合作促銷的一部分，或者對大賣場自身的商業目的有幫助，比如能提升整個賣場的客戶服務品質。而小業主更願意獲得返貨和旅遊獎勵，包括得到與其他地區的同仁會面的機會等。

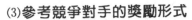

(3)參考競爭對手的獎勵形式

企業在確定獎勵的內容時，可以參照競爭對手的做法，盡可能分析出那種方法能獲得更多的關注。多樣化的獎勵方案自會受到管道成員的歡迎，企業要不斷地嘗試，持續地跟蹤新的獎勵內容。

二、銷售管道成員獎勵的實施要點

1.明確獎勵目標

獎勵目標是確定獎勵要素的基礎，所以任何一種獎勵計畫都必須首先明確目標，目標最好能用具體數字表示出來。例如，與去年同期相比，今年第三季度的銷售額要提高 10%；與去年同期相比，增加參與產品培訓項目的經銷商的數目；新產品投放市場一年後，市場比率達到 20%。

2.瞭解管道成員的需求

具有針對性的獎勵計畫更能激起中間商的積極性。在推出獎勵計畫之前，企業可以考慮召集經銷商、代理商和批發商開會，讓中間商把他們的需求和疑慮說出來。也可以發放調查表，調查、瞭解中間商的需求。

3.制定精確、公平的獎勵方案

獎勵方案首先體現公平的原則，要在廣泛徵求員工意見的基礎上出臺一套大多數人認可的方案，並且把這套方案公佈出來，讓中間商目標明確，朝著目標直接邁進。

4.公正、客觀評估管道成員業績

最終生產廠商需對中間商的業績進行評估，確定獎勵的等級或數額。如果以銷售業績等具體可衡量的標準作為評估的依據，評估工作很容易進行，亦能做到公平、公正，而有些工作的效果不易評估、也沒有量化的標準，這時尤其要注意評估的公正、公平性，以

免引起管道成員的不滿。

5.說明獎勵的理由

向獲得獎勵的管道成員頒獎時，要把每項獎勵的原因明白地告訴管道成員，使之做到心中有數，理解企業獎勵的緣由，這樣不僅可以有效地刺激管道成員的工作積極性，更可以使其在以後有針對性地完成工作。一些企業對管道成員的激勵偏重於結果，卻忽視了過程，造成激勵政策落實後，管道成員竟不知道為了什麼。

6.評估獎勵效果

仔細分析獎勵措施的效果，追蹤銷售中發現的問題以及其他需要檢查的地方，並認真總結，以便下次改進、提高。

7.調整或改變獎勵方案

獎勵方案應該隨著中間商的發展、企業的發展、環境的變革而不斷地做出調整。這樣的獎勵計畫更現實，也具有新意，管道成員會更感興趣。

促銷工具　　對策

對銷售管道成員進行銷售獎勵，是生產廠家普遍採用的促銷方法。但是生產廠家的銷售獎勵計畫是一柄雙刃劍：用好了可以幫助自身提高競爭力，用不好則可能會傷及自身。所以企業在對管道成員實施銷售獎勵計畫時，需要注意以下問題：

1.避免激勵下的負面效應

管道成員為了多拿獎勵，很可能大批進貨，然後向其他地區低價竄貨，由獲得的獎勵來彌補損失或者大量賒銷產品，這很可能導致貨款收不回來。針對這種情況，企業應該制定相應的附加條件以及懲罰，例如，將貨款回收情況同樣也作為業績的衡量指標，並對回款不佳的管道成員實施一定的懲罰。另外，企業要多用物品、旅

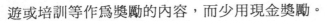

遊或培訓等作爲獎勵的內容，而少用現金獎勵。

2.獎勵計畫最好獨具特色

由於這種方法使用頻繁，亦容易被競爭對手模仿，促銷的效果也越來越不明顯。而且爲了進一步激起管道商的積極性，生產廠家只有加大獎勵力度，如果其他競爭廠商再繼續跟進，大家最終就會陷入不斷加大獎勵額度的怪圈。但管道商並不會因爲生產企業的獎勵而對其更加忠誠。所以，獎勵計畫最好有其獨特的魅力和特點，既不易被競爭對手模仿，又能吸引管道商。

促銷工具 案例

「歐洲杯」舉辦期間正是啤酒銷售的黃金季節。各啤酒廠商摩拳擦掌，準備大顯身手。「嘉士伯」啤酒在零售終端和批發兩個環節同時做文章，希望通過對批發商的銷售獎勵計畫以及終端促銷活動，促進批發商的進貨積極性和消費者的購買熱情，抓住銷售旺季的良機。

「嘉士伯」對批發商的獎勵計畫如下：在 6～9 月的 4 個月活動期間，每月銷量不低於 6000 箱、銷售總量不低於 2.8 萬箱（包括大瓶、小瓶、易開罐），並在 10 月底結清貨款，公司將提供一個新、馬、泰旅遊名額；如果在活動期間，每月銷量不低於 1 萬箱、銷售總額不低於 4.8 萬箱，並在 10 月底前結清貨款，公司將提供兩個新、馬、泰的旅遊名額。旅遊活動在當年年底進行。

45

數量折扣

促銷工具 介紹

　　所謂數量折扣，是指賣方根據買方購買數量或購買金額的多少，給予比例大小不同的折扣優惠。買方購買數量、金額越大，得到的價格折扣比例也越大。數量折扣主要運用於廠家對中間商的促銷，在零售業也有運用，常表現為多件數購買的優惠活動。例如，購買同一品牌產品兩件或多件就可以享受折扣。賣場數量折扣通常要借助條碼。零售商的收銀系統只要計算帶有特殊條碼的商品數量後就可以自動為其打上折扣。

　　這種促銷方法對增進產品銷量的作用非常明顯，而且容易開展，見效快，費用和成果也容易量化。不過，因為運用數量折扣可以有效地增加經銷商的進貨量和消費者的購買，經銷商貨進得多就沒有多餘的能力去購買競爭對手的商品，消費者買得多，用得也就多，也不會再去購買競爭者的產品。

一、數量折扣的操作形式

數量折扣在實際操作中分為兩種情況：累積性數量折扣和一次性數量折扣。企業可以根據實施數量折扣的目標來選擇折扣的形式。

1.累積性數量折扣

這是指在一定時間內按買方購貨累計達到的數量或金額，給予大小不同的折扣優惠。這種辦法的目的是鼓勵顧客長期購買，成為賣方穩定的客源。這種方法不鼓勵購貨方一次性大額購貨，而是在一定的時期內，達到最大的購貨額，這有利於進貨方長期購買產品，穩定長期的銷量。

2.一次性數量折扣

這是指按照買方一次購買數量或購買金額達到一定標準時給予的折扣優惠。當買方的購買量超過這一標準時，購買量越大，得到的折扣比例也越高。例如購買飲料，5～10 箱折扣 2%，11～30 箱折扣 5%，超過 30 箱折扣 7%。這種做法有利於鼓勵買方一次性大量購買。

二、數量折扣的實施要點

1.設計合理的折扣幅度

數量折扣是一種促銷作用非常明顯的促銷方法，這種方法實施的關鍵在於折扣幅度的設計。數量折扣的實施已經降低了企業單位產品的利潤，折扣幅度過高可能會更加得不償失，過低又可能起不到促銷的作用。所以，實施者應該根據促銷的目標以及競爭對手等

情況，制定出一個合理的折扣比率。

2.確定恰當的使用頻率和時間

數量折扣使用頻率過高或時間過長，就會形同虛設，起不到應有的促銷作用，而一旦停止，客流量很可能銳減。所以促銷活動的時間跨度和使用頻率也是一個非常重要的問題。

3.在特定的時期或事由下使用數量折扣

數量折扣可以與特定的目的或事件聯繫起來，比如新品上市的推廣期，為了迅速鋪貨可以多使用數量折扣，這樣即使在事件結束後停止促銷活動也不至於引起中間商或零售商的強烈反對。

4.加強管道管理

在對中間商實施這種促銷方法時，加強管道管理十分重要。由於中間商的能力有大有小，進貨的數量有多有少，所以他們享受的折扣率也不一樣。這很可能會引發很多問題，一是實力強大的中間商以較低的價格向零售商供貨，導致終端價格的不一致，引發消費者的不滿；二是實力強大的中間商以低價格為優勢向其他銷售區域供貨，引發管道竄貨，實力較小的中間商無法與之競爭，而不得不退出市場，這對企業而言是非常不利的。所以，在實施數量折扣的同時，廠家要加強對中間商的管理並避免竄貨的發生。

促銷工具　　對策

在增加產品銷售量和對抗競爭者競爭時，數量折扣是非常有效的促銷方法。但是，這種方法成本也很高，而且容易帶來滑坡效應：買方會期望越來越高的折扣率，致使廠家的平均銷售價格越來越低。因此，數量折扣只能間歇使用，而且要在確保能取得確切的效益的情況下才能使用。由於很多領域經銷商和零售商勢力的增強，這種促銷更是說起來容易做起來難。

另外，生產商或經銷商給予終端賣場的折扣可能無法到達消費者手中，零售商可能會獨自享受折扣而不與消費者分享。廠商在產品的推廣中並不能控制零售商，如果給予經銷商折扣的終極目的是旨在對消費者降價，常常是難以達到目標的。

促銷工具　案例

某啤酒公司為激勵廣大的批發商對產品的支援與配合，於 1996 年 8 月 1 日至 8 月 31 日期間開展了進啤酒享受打折優惠的促銷活動，目的在於鼓勵批發商在銷售旺季多多進貨。其獎勵的標準如下：

進貨 100 箱，折扣比例為 5%；

進貨 200 箱，折扣比例為 6%；

進貨 300 箱，折扣比例為 6.7%；

進貨 400 箱，折扣比例為 7.5%；

進貨 500 箱，折扣比例為 8%。

所有批發商在規定的時間內購進啤酒數量達到以上要求，即按實際的進貨量給予相應的折扣獎勵。

46

限定促銷法

促銷工具　　介紹

　　限定促銷法是指通過對促銷時間、商品數量的限定，來達到促銷的目的。

　　限定促銷法主要有數量限購和限時搶購兩種形式。在促銷活動中往往存在這樣一種情況，促銷時間拖得越長促銷的效果就越不明顯，這是因為促銷產品的數量充足，消費者購買促銷產品的時間也很充分、自由，所以消費者會想：反正天天都有促銷活動，何必急著今天買呢？所以，消費者對長期促銷的產品很難下定立即購買的決心。

　　而限時、限量的促銷活動的效果就完全不一樣了，為了搶得有限的促銷商品，消費者都會搶在最早的時間購買。限定促銷法正是利用了消費者普遍存在的一種「搶俏」心理，促銷效果非常明顯。

　　促進產品的銷量是限定促銷的一個最重要的作用，此外，限定促銷法還能夠營造出熱賣的氣氛，而熱賣的氣氛會給消費者帶來不同的心理感受。

促銷工具 ＼ 疑難雜症

一、數量限購促銷

數量限購法的經營，是一種稀缺戰略，應用廣泛。稀缺戰略一般能使產品聲譽倍增，價格上揚。越稀缺，消費者購買慾望越被吊得高高的。

一般情況下，人們在購物時會從三個方面去考慮商品的使用價值和品質：一是商品廣告和說明書；二是銷售冷熱情況；三是推銷人員的姿態。根據這種心理現象，在市場促銷中應注意：

1.在介紹商品時，主要是介紹商品的優點、區別於競爭對手的特點以及有限的庫存，讓消費者產生購物的緊迫感；

2.當購買的顧客較多時，可請顧客排成隊輪購，造成搶俏聲勢促進顧客踴躍購買；

3.推銷商品時，不要採取逼進要脅式的手段去勸售。因為這種做法會造成適得其反的效果，降低商品在消費者心目中的身價，使人感到賣主急於脫手而擔心品質低劣，反而沖淡了購買慾望。

二、限時搶購

即推出特定時段提供優惠商品，刺激消費者購買的活動。如：限定下午 4 時～6 時，××飲料一人一瓶，限時購買。

以時間為標杆是把促銷活動推向高潮的有力之舉。消費者的「從眾心理」再加上時間所限，促使許多猶豫不決的潛在客戶下決心購買。限時搶購一方面可增強商場內人氣，活躍氣氛，激起顧客購買慾望，同時可促使一些臨近保質期的商品在到期前全部銷售完，當

然，必須要留給顧客一段使用的期限。

此類活動以價格為促銷著眼點，利用消費者求實惠的心理，刺激其在特定時段內採購特定優惠商品，通常做法如下：

1.以現場宣傳單或 POP 廣告或廣播的形式，告知消費者購買限時特定優惠商品，對於大件消費品的搶購活動如冷氣機、彩電等可通過大眾媒體事先宣傳。

2.通常選定的優惠商品，在價格上必須和原定售價有三成以上的價差，才能達到使顧客搶購的效果，所以，要正確制定搶購特惠品的價格。

促銷工具　對策

限定促銷法的策略並非僅可用於商品，也可以是「專業人士或名人的限定銷售法」。例如美容院中技藝高超的美容師，顧客很早就預約，否則即使到了美容院也無法讓自己中意的美容師服務。

促銷工具　案例

美國的一家百貨商店，因積壓了一批襯衫，沒法推銷，而使老闆心事重重。一天老闆在街上看到一個水果攤前人群圍擠，攤主正吆喝大家嘗嘗味道，攤邊貼了一張紙上寫道：「每人限購一公斤！」這個老闆從中得到啟發，採用數量限購法來推銷這批襯衫。

第二天，在百貨商店門口張貼了一幅佈告：「本店出售時興襯衫，每人只限購一件。」並囑咐營業員，凡有顧客要購買兩件以上的，必須找老闆批准，不久，過路人紛至逕來，櫃檯前人群擠得水洩不通，上辦公室找老闆特批超額購買襯衫的人接踵而至，積壓的襯衫很快就被搶購一空。

47

意見領袖促銷法

【促銷工具】　【介紹】

　　意見領袖促銷法即通過某種方式，比如聘請明星、通過贊助行業協會、給某些企業以優厚條件或請業內專家當企業顧問等形式，使對企業銷售有影響力的組織或個人成爲意見領袖，並借助他們的滿意進行口碑傳播，從而最終帶動更多的消費者購買使用。利用意見領袖進行促銷，時間都比較長，但其費用比較低，且效果長久而顯著。

　　企業不惜重金做廣告，然而大量研究顯示，廣告效果並不令人滿意，最成功的廣告也有 50%的廣告費被白白浪費掉。導致這一局面的因素固然很多，但企業沒有認識並有效發揮意見領袖在廣告宣傳中的作用，是其中一個重要的原因。尤其是年輕消費者對大眾媒體沒有好感，意見領袖對他們的影響非常大。

促銷工具 ＼ 疑難雜症

意見領袖對於傳播效果的影響至關重要，因爲意見領袖在口碑傳播中可能會加入自己的主觀闡釋，所以有時信息的傳播差異會變得非常大。找準意見領袖，並充分發揮意見領袖的口碑作用，是促銷操作中的重點。

一、最有價值的意見領袖

什麼樣的人最有可能成爲利用價值最大的意見領袖呢？調查研究發現，下列對象通常最有可能成爲對企業最有利的意見領袖，企業必須予以高度重視。

1.各類名人和明星

由於知名度和社會地位都比較高，如演藝界和體壇明星、社會名流和成功的白領人士等，在大眾中有巨大的影響力，再加上他們常常是時尙和流行的代言人，容易受到社會大眾的追隨。對於飾品、服裝、各類時尙活動等這些心理價值超過產品本身功能價值的商品而言，名人或明星能充分發揮意見領袖的促銷作用，並會取得巨大的效應。

2.權威人士

由於一些產品如電腦、汽車、攝像機、藥品等技術含量較高的非日常生活用品，一般消費者沒有足夠的分辨能力分辨產品的好壞，而技術員、專家、專業人士和這方面頗有研究的業餘愛好者憑其對產品的認識，常常可以左右消費者購買那一品牌。特別是在新產品上市期間，這些權威型的意見領袖對消費者的品牌選擇具有決定性的影響。

3.教師和新聞界人士

教師和新聞界人士的職業要求他們大量接觸各種媒介、主動關注各種信息，以選取宣傳報導和教學科研所需的案例。尤其是高校的廣告行銷及相關專業的教師和財經類媒介的記者、編輯、評論家，不僅最有興趣瞭解各種廣告和商品知識，還能依靠自身的特殊地位加速信息的流動，其意見和觀點往往能對媒體和公眾產生巨大的影響。

4.有生活經驗的普通老百姓

對於大眾日用品和家用電器這類產品而言，目標消費者主要是普通老百姓，所以，選擇有豐富生活經驗、對廣告商品較熟悉的消費者尤其是家庭主婦作爲意見領袖，會收到較好的口碑效果。

在廣告活動中，企業若能找出目標消費群中的全部意見領袖，當然是最好的，但在現實中，由於意見領袖的分散性和變化性，加上財力和人力的限制，通常很難找到所有的意見領袖，而只能重點爭取利用那些影響力和號召力最強（即最有價值）的公眾型意見領袖。

二、爭取意見領袖的要點

找出意見領袖後，最重要的是要採取一系列切實可行的措施來爭取意見領袖爲企業服務。

贏得意見領袖的要點有：

1.確保產品的品質

意見領袖大都受過良好教育，判斷能力強，對於品質和服務都有保證的產品，很樂意進行宣傳。同時，企業還要注意選擇意見領袖經常接觸的媒介發佈廣告，廣告的水準也要有所保證，這樣才能方便他們獲取信息，同時留下深刻的好印象。

2.重視意見領袖的培養

企業應善於觀察，可以通過現有意見領袖的推薦、實際考察等方式，盡可能挖掘出新的意見領袖並加以培養。如許多產品（尤其是技術性強的產品）經銷點的專業人員也常被消費者視爲意見領袖，因此，企業選定了目標人員，對他們進行培訓和教育，盡可能讓每一位前來諮詢、購買的顧客獲得全面的產品信息，從而塑造良好的服務形象和水準，使意見領袖的作用得到充分發揮。實踐證明，通過這一途徑擴大意見領袖隊伍，是成本最低、成功率最高的。

3.針對意見領袖進行直效促銷

對於目標群體的意見領袖，企業應該建立相關的資料庫，主要針對個人資料如姓名、住址、職業、電話等。利用這些資料，可以經常把新產品和新廣告的信息優先送達給意見領袖。在可能的情況下，免費讓其試用廣告產品，使其對廣告產品在較短的時間內全面熟悉和瞭解。這樣有助於其在進行廣告擴散宣傳時提供更多、更有說服力的證據。

4.注意與意見領袖的溝通

企業要想充分發揮意見領袖的作用，利用意見領袖達到促銷的目的，必須服務好意見領袖。因此，企業應該給予意見領袖熱情週到的購物服務，並適當優惠，注意幫助他們解決切實的困難，使其真正感受到企業的關懷和溫暖，真心誠意地願意和企業做好朋友，自覺地幫助企業擴散廣告信息。

可以聘請意見領袖做企業的顧問，通過上門訪問、電話諮詢、信函交流等方式，定期徵求他們對廣告策略和產品改進的意見和建議，並認真對待和落實。

促銷工具 ＼ 對策

一般消費者通常會認爲意見領袖比廣告人更可信、更可靠。所以，意見領袖的作用是不容忽視的，在促成消費者形成購買決策的過程中，有時作用比廣告更大。但值得注意的是，意見領袖的作用如果發揮不好，甚至會影響促銷的效果，因爲意見領袖不僅僅只是傳達廣告中的基本信息，通常都會加入自己的觀點解釋這些信息，根據個人喜好會極力向他人推薦或阻止購買自己認爲好的或不好的產品。

總之，意見領袖既能促成產品的擴張和延伸，也能阻礙產品促銷的成功。企業在促銷活動中必須高度重視意見領袖的存在，爲避免造成對企業不利的傳播，起碼要盡力注意不得罪意見領袖，最好是能爭取意見領袖的好感，利用他們獲取利益。

促銷工具 ＼ 案例

福特公司 2000 年為了推出 Focus 車型而進行的口頭宣傳促銷活動就是抓住意見領袖的一個經典案例。

Focus 是一款售價僅 1.3 萬美元的微型轎車，定位是嘻哈一族（18～30 歲的男性）的第一輛車。經過調查分析，福特的主席 James G. OConnor 最終決定採用口頭宣傳的促銷戰略來與競爭對手相抗衡。

首先，福特請紐約的年輕人服飾專賣連鎖店 Fusion Five 幫助它在全美五個重點市場（紐約、邁阿密、洛杉磯、芝加哥和三藩市）挑選出了 120 位意見領袖。這些人中有電臺的 DJ、自由藝術家、記者和廣告創意人員等等。

然後，福特公司按照他們喜歡的顏色、車內配置等為他們每人配備了一輛全新的 Focus，供他們無償使用 6 個月。Focus 的第一位購買者，21 歲的電腦工程師 Regner 說，他第一次在停車場看到他最喜歡的 DJ 吉爾開著 Focus，放著震耳欲聾的搖滾樂時，就對 Focus 一見鍾情了。他的女朋友兩個月後也買了一輛福特 Focus。

　　通過這種方法，福特 Focus 上市第一年賣出了 28.6 萬輛，把本田「思域」遠遠地甩在了後面。不僅如此，福特 Focus 也因此贏得了很好的口碑，在促進銷售的同時，福特公司的聲譽也得到提高。

48

標誌物促銷法

促銷工具 ＼ 介紹

　　標誌是其中一種獨特的傳送方式。把商標與標誌混為一體，即運用一個符號來代表企業和商品，這樣做的目的無非是更好地、更集中地樹立企業與商品的形象，使外界對企業的印象更統一。現在，經過精心設計從而具有高度實用性和藝術性的標誌，已被廣泛應用於企業領域。

　　利用標誌物進行促銷，即設計代表企業的標誌和圖形來宣傳企業，樹立企業形象，如可以在城市的重要地區樹立帶有企業標誌和圖形的看板，展示企業實力與風采。

一、標誌物的表現形式

1.形象表現法

是指將標誌物置於異乎尋常又易於接受的狀態,根據其形象賦予其特殊意義,這個意義就是通過形象暗示或象徵企業的某些理念、特徵、個性等。這種表現手法通常很容易被消費者所接受,如「十字架」代表上帝,「心」代表愛情,「獅子」代表力量、勇敢、偉大,「太陽」代表光明等。運用這種表現手法宣傳企業的文化、理念,是一種通俗易懂的做法。

2.抽象表現法

就是要運用點、線、面等抽象的幾何圖形,含蓄地、理性地表達設計概念,如直線和曲線是線條對立的兩大系列,直線具有直、明確、理性等感覺;而曲線卻具有柔和、活潑、感性等感覺。抽象的表現有時往往比具象形象更準確、生動、明瞭,個性更強,能達到過目不忘的效果。而且這種抽象的表現往往給人新穎的感覺,能更快地吸引注意力。

3.單字表現法

利用開頭字母而設計的標誌物是目前比較流行的一種表現手法,而且被越來越多地運用。因為字母本身就是簡練的抽象符號,只要稍加發揮,把某種含義結合進去,就可能會出現一種新奇的效果,通常企業會把單位名稱的開頭字母進行美化,作為一種標誌物。

4.連字表現法

連字表現法是將兩個以上字母組合設計成標誌物。通常會運用特殊的、變異的處理,達到常態處理所達不到的奇特效果。這種反

常態的表現手法並不是一種消極的破壞，而是從整體出發，精心策劃的結果。

目前還有一種趨勢，就是把整個品牌名的全稱設計成商標，也是說它既是商標，又是標準字體。這種標誌物的表示形式往往被一些大中型企業採用。

5.綜合表現法

即將上述四種方法綜合運用。這種綜合運用，要根據企業的特點和行業的特點，進行整體評估、策劃，才能達到揚長避短，提高表現力的最終目的。

二、標誌物的設計原則

1.與地域文化相關聯

標誌物設計應在詳盡明瞭設計對象的使用目的、適用範疇及有關法規等有關情況和深刻領會其功能要求的前提下進行。由於各個地區、各個國家的風土人情、風俗習慣、地理地貌差異很大，形成了具有不同特色的地域文化。因此，企業在進行標誌物的文化設計時，必須注意企業的地域特點，企業標誌物要符合消費者直觀接受能力、審美意識、社會心理和禁忌。

2.和產品自身特點相聯繫

在進行標誌物的設計時，要達到富有感染力的效果，一方面，必須使商標名或圖案和主銷對象相關聯，另一方面，必須使標誌物的內涵與產品性質特點相適應。

3.具有鮮明的形象化特徵

作為美化產品、宣傳產品的標誌物，必須新穎別致，有鮮明的形象化特徵，才容易引起消費者的注意。所以，構圖要凝練、美觀、適形；圖形、符號既要簡練、概括，又要講究藝術性；色彩要單純、

286

強烈、醒目，遵循標誌藝術規律，創造性地探求恰切的藝術表現形式和手法，錘煉出精當的藝術。

4.具有鮮明的個性特徵

在商業競爭愈演愈烈的今天，要在眾多的同行企業中創造出自己特有的個性，以商品和服務品質為號召，使顧客留下深刻印象，以拉開同業者的差距，製造差異化，其中一個方法，就是設計企業獨有的標誌，建立特別的形象。比如日本「不二家店鋪」，是以一個「娃娃」作為店鋪的標誌，此即為該店的象徵性符號，格外引人注目。

5.充分考慮設計的可行性

標誌物設計必須充分考慮其實現的可行性，針對其應用形式、材料和製作條件採取相應的設計手段。同時還要顧及應用於其他視覺傳播方式（如印刷、廣告、影像等）或放大、縮小時的視覺效果。構思須慎重推敲，力求深刻、巧妙、新穎、獨特，表意準確，能經受住時間的考驗。

促銷工具　對策

企業的標誌物設計是與產品開發和市場促銷密切相關的。國外許多企業將標誌設計放在企業戰略決策位置上，綜合考慮各種因素，加以全面規劃；在具體的設計中，對標誌物的文字、圖形、色彩作綜合的研究，對標誌物的廣告效果作認真的分析。

經濟的繁榮、競爭的加劇、生活方式的改變、流行時尚的趨勢導向等，要求標誌物的設計必須適應時代。一種方式是重新設計，以全新的面貌出現，但是在經濟上可能要付出較大的代價，並且要通過廣告媒介反復宣傳，才能重新樹立形象。另一種方式是在原來的基礎上通過漸變的手法，隨著時間的推移，逐步改造和完善，既

具有連續性，易於識別，又賦予時代感，讓消費者在不知不覺中接受新的標誌物，這一演進的規律，是由具象到抽象，由複雜到簡潔，使其具備現代化、國際化的特徵。

促銷工具 ＼ 案例

　　麥當勞是大家再熟悉不過的速食連鎖品牌了。麥當勞能夠和肯德基區別開來，最主要的就是他們的標誌性識別物。全球統一的紅色背景和一個黃色的大 M，麥當勞叔叔的笑臉，是麥當勞最為明顯的標誌。

1. 大 M 拱門

　　自 1962 年起，麥當勞一直採用金黃色的「M」招牌，它像兩扇打開的黃金拱門，象徵著歡樂和美味，也成為麥當勞王國至今未改、流行全球的重要象徵。大 M 拱門是麥當勞的特色標誌之一，如今它已成為全世界的路標。

　　大 M 拱門作為麥當勞品牌形象的一部分，那聳立半空中的黃色 M 字母弧形造型十分柔和，並用醒目的色彩組合突出了麥當勞的品牌標識。暗紅色的底色使人感覺溫暖，M 形的黃色是勝利、成功、輝煌的顏色，而且無論什麼天氣，黃色的視覺性都很強，這種色彩組合有強烈的衝擊力和穿透力。這一標識成為一種象徵，成為一種可預期的美味與良好氣氛的標誌。

　　醒目的大 M 可以看成是麥當勞的英文名稱的縮寫，高擎於半空的「M」標記、獨特而標準化的室內裝潢，還有誘人的香氣、暖調的色彩、優雅的世界名曲，以及兒童遊樂區、系列玩具、小禮品和麥當勞手操遊戲所營造出的歡快氣氛中，麥當勞似乎在向人們招手，吸引人們步入店中就餐。

2. 麥當勞叔叔

作為麥當勞標誌物之一的麥當勞叔叔，是麥當勞的吉祥物，他親切幽默，象徵著祥和、友善和歡樂。麥當勞叔叔永遠是顧客的朋友和社區的一份子，他時時刻刻為兒童和社區的發展貢獻自己的一份力量。可以說，麥當勞叔叔如今已成為可與聖誕老人媲美的公眾形象，深受孩子們的喜愛。

當麥當勞連鎖分店在莫斯科開張時，一名記者把它描繪成「美國標誌的終極偶像。」一項對學齡前兒童的民意調查表明，96%的孩子能認出羅奈爾得‧麥當勞這個速食公司的小丑偶像，僅次於對聖誕老人的認識。

每一次走過麥當勞的門口，都會看見「麥當勞叔叔」向你招手微笑，逗你發笑，使顧客享受到一種溫暖的家庭的歡樂氣氛。小朋友們甚至把餐廳當作樂園，當作是屬於自己的世界。作為麥當勞速食店的主體標誌的麥當勞叔叔，為傳播麥當勞品牌做出了巨大貢獻。

在麥當勞的人物廣告造型中，麥當勞叔叔無疑是頭號主角。麥當勞叔叔的外形設計是一個親切而快樂的小丑。他的帽子是一頂託盤，上面頂著漢堡、奶昔和土豆條，鞋子像兩塊大麵包，鼻子上裝著一雙麥當勞杯子。他的形象定位是一個成人，但不是父親式人物，是一個大朋友，做孩子們喜歡的事：溜冰、打球、游泳、玩滑板、變魔術。麥當勞叔叔是象徵麥當勞餐廳的人物偶像，是快樂、幽默和祥和的象徵。

總之，作為麥當勞的突出標誌，大 M 拱門和麥當勞叔叔吸引了不少顧客的目光。或許今天並不想在麥當勞就餐，但是很遠就看見了麥當勞的醒目標誌，或是經過麥當勞看見了麥當勞叔叔的笑臉，感受到麥當勞的溫馨氣氛，在這種情況下，標誌就起到了促銷作用，人們會願意步入麥當勞就餐。麥當勞也是因為這些標誌而贏得了不少的顧客。

49

商品目錄

促銷工具　介紹

　　商品目錄是零售企業促銷的有力工具。商品目錄可以針對潛在顧客，對商品進行詳細而又富有魅力的說明，猶如無言的推銷員，所收到的促銷效果非常顯著。因此歐美等國家的零售企業，一般都對商品目錄的製作和印刷不惜大量投資，做到精益求精，以吸引廣大消費者。

　　商品目錄促銷，就是指通過發放產品目錄的方式進行商品促銷的一種方法。零售企業用於商品促銷工具的商品目錄，除了商品的名稱之外，還包括商品的簡單介紹，例如商品的原價和促銷價、商品的功能、特徵等，其目的是讓消費者瞭解有關的商品信息，根據商品目錄來挑選自己需要的商品。

　　商品目錄同一般的廣告相比，有極高的市場到達率和良好的溝通效果，顧客的參與熱情和認同程度是其他廣告所無法企及的，具備一些其他宣傳方式無可比擬的優勢。

促銷工具　疑難雜症

一、商品目錄的設計原則

如果在商品目錄上亂七八糟地刊載商品信息的話，顧客是不會流覽的，也不會尋找他所希望的商品。為了讓消費者能順利地尋找他所希望的商品，必須做好目錄的版面設計。在設計商品目錄時，應當根據商品目錄的分發對象考慮目錄的形態、功能及內容，加強重點促銷商品的視覺效果，即要突出以下幾點要求：

1.清晰、明確

目錄的設計一定要層次分明、分類清晰，使看到目錄的消費者能正確、清楚地瞭解到商品的不同。所以，在商品目錄上將商品分門別類刊載的方式更容易受到消費者的青睞。

2.形象、合理

設計和製作商品目錄的最主要目的就是為了使商品真實地呈現在目錄中，吸引人們的注意力。所以，最好以商品形象來展示商品，這樣能將商品信息正確地傳達給一般大眾消費者，也更符合人們的喜好。此外，產品功能與價格也要合理表示出來。

3.突出重點商品

如果企業希望利用商品目錄來加強對某些重點商品的促銷，那麼就應該在商品目錄中重點突出這類商品的特點和優勢，尤其是要加強其視覺效果，而不是和所有商品一樣同等對待，否則就難以收到明顯的成效。

二、商品目錄的操作要點

採用商品目錄的形式進行促銷活動的操作要點：

1.召開商品促銷的企劃會

主要是由零售企業的廣告部或者業務銷售部的經理負責，召集各方面的相關人士，一方面是共同分析產品的功能、內容、外觀等特徵，將這些產品和競爭的同類產品相比較，分析促銷商品的最大特徵，並探討如何加強促銷商品的視覺效果，作爲強力訴求的重點；另一方面是分析商品目錄的分發對象，主要是針對目標消費群體進行分析。

2.收集商品特別是促銷商品的有關資料

包括篩選和確定促銷商品、促銷商品的宣傳畫、確定商品的促銷價格等。

3.製作商品目錄的草圖

企業可以自己設計或由廣告公司代理設計製作商品目錄圖案，根據所收集到的資料設計和製作商品目錄的草圖，然後交給具體的部門徵求意見，進行修改，最終定稿。

4.目錄印刷

商品目錄定稿之後，需要根據實際情況定位，決定採取何種印刷材料和印刷方式，儘量將商品目錄做得精美一些。

5.分發商品目錄

在比較分析各種分發管道之後，根據經驗，決定向消費者分送商品目錄的分發管道。零售企業在選擇商品目錄的發送管道時，可以考慮以下幾種方案：

⑴僱工發送

僱傭小時工在零售賣場附近或重點社區分發商品目錄，報酬按

照分發的目錄數量計算，或者按照時間計算。

(2)夾頁派送

和報紙投遞公司聯合，有效利用報紙強大的發行網路和發行能力，將商品目錄夾在報紙中及時分送到消費者手中，使消費者得知零售賣場產品及促銷的詳細情況。這種形式不會出現重複分發，還可以減少浪費的情況。

(3)任意拿取

將商品目錄放在商場入口和出口處，任由消費者拿取。

(4)員工發送

將商品目錄放在收銀台，由服務員送給購買了商品的顧客。

促銷工具　對策

由於直郵廣告促銷的盛行，與之相配合的商品目錄的製作形式也越來越講究，逐漸由過去的普通用紙發展到特殊用紙，由過去的普通色調發展到色彩繽紛，整體設計和佈局顯得越來越精美和講究。

在商品目錄的形式方面，已經由過去的折頁、單頁印刷等簡單的印刷，轉而採用豪華的印刷方式，例如在商品目錄中放置小型播音器，不僅可以播放音樂，有的還能夠將商品目錄中的內容讀出來，使消費者可以在幹家務活的同時收聽，免去了專門閱讀的時間，更為那些識字不多的消費者帶來了極大的方便。

但是，在實踐中，有許多零售企業因為選擇的分發管道不當，導致商品目錄被人們隨意扔棄，在街頭到處可見，令人感到可惜，使商品目錄的設計和製作失去了意義，更談不上實現促銷商品、提升銷售額的目標了。所以，商品目錄的印發一定要針對合適的目標人群進行，同時，商品目錄的設計也一定要醒目，能夠吸引消費者的注意力。

促銷工具　案例

目錄促銷是宜家（IKEA）的一大特色。宜家（IKEA）總部有一個龐大的設計部門，上百名經驗豐富的設計人員整日埋頭工作。宜家（IKEA）還有一個彩色輪轉印刷機，每年都用 23 種語言印製 1 億多份產品目錄。

一走進宜家（IKEA）的商場，就會發給你一本印刷精製的「書」，這就是宜家（IKEA）的商品目錄。宜家目錄與現在的「精版樓書」和「車市導讀」等免費雜誌具有異曲同工的功效，其有效市場到達率能確保 100%。

宜家產品目錄主要是在知名的速食店和百貨店門口發放，因為這裏的客流量大、影響力廣。宜家曾經針對其目錄發放的效果作過一次調查，結果表明，在麥當勞用餐的顧客，80%的人會把宜家的目錄冊帶回家繼續翻看，50%的顧客在宜家的目錄冊上勾出自己所滿意的商品，甚至有些人會在上面寫出自己對這套傢俱的看法以及心中完美的家的概念。

宜家產品目錄不僅收錄了宜家公司一年中設計的所有新產品，那些帶有濃郁北歐風情、創意精緻獨到的產品是目錄中的主要部分，而且目錄中還詳盡地列出新一年中打折的宜家產品。宜家目錄向顧客描述、展示宜家的產品，並給每一種產品起了一個生動的名字，便於識別記憶和查詢，從而於無形中打動消費者的心。

在目錄中，顧客可以找到宜家的傢俱、家居用品、樣板間佈置以及有關材料、顏色、尺寸、產品保養以及價格等方面的詳細信息。每一個看到宜家目錄的人，都會在心中為那一種巧奪天工的精緻之美所折服。

許多裝修的家庭幾乎人手一本宜家（IKEA）目錄，一方面是為

了購買傢俱，更重要的是想從中找出家居設計的靈感。與最初的宜家目錄相比，現在出版的宜家目錄已不再簡陋與單薄。由全球 150 餘位家居設計師和攝影師精心製作的宜家目錄印刷精美，它不僅是人們瞭解宜家產品的一個媒介，同時也是一種家居設計方案。

宜家（IKEA）的目錄文化把靈活的行銷手段和固定的概念結合在一起，它所銷售的不只是一種產品，更是一種生活風格與理念。

翻閱宜家（IKEA）的產品目錄便可見一斑，它們不只是在簡單的背景上展示個性化的產品，同時也以居家實景的陳設方式展示各種組合搭配，例如單獨開闢出一個單元，專門介紹佈置舒適雅致的居室的相關知識，詳細到燈光如何佈置、用什麼顏色的燈、放在什麼位置、光線的直射或漫射都講得十分清楚，傳達著一種家庭文化。

50

商品保證法

促銷工具　介紹

「商品保證」是一種非常有效的促銷方式，「商品保證」是指廠家向消費者承諾產品的保修期或有條件的實行一定時期內的包退、包換服務，它解決了消費者的後顧之憂，使得消費者能夠放心地購物。

「商品保證」在吸引消費者前來購物的同時，也說明了企業對

商品品質的重視，能起到較好的宣傳作用，特別是一些超乎人們想像的超級商品保證甚至能起到轟動的效應，這有利於企業良好品牌形象的樹立。

促銷工具 ＼ 疑難雜症

一、商品保證的適用情況

(1)售賣高科技產品時

這種促銷方法主要運用於工業產品促銷，特別對一些技術含量較高的耐用品，如冷氣機、電腦等商品，效果更爲明顯。

(2)消費者面臨品質疑慮或多種產品選擇時

在用戶對產品品質不確信，或在幾家競爭者中選擇舉棋不定時，運用此方法更爲有效。例如，公司可以提供比競爭對手更長的保修期或更寬鬆的退換貨條件或更長的退換貨期限，以吸引消費者。

(3)消費者對產品的品質非常重視或維修費用較高時

消費者重視產品品質時，廠家可提供無條件退款或換貨等優惠條件來吸引顧客；當產品的維修費用高時，可採用延長免費保修期限來贏得消費者。

二、商品保證促銷的實施要點

1.商品品質要有保證

如果商品並不真正具備優越的品質，連企業自己都對商品品質沒有信心，那麼實施商品保證促銷不僅會加大企業的經營成本，還會影響消費者對商品的信心以及企業的信譽，對企業有較長久的破壞力。

2.商品條件必須優於競爭對手，甚至超乎消費者的想像

與競爭對手相等的商品保證無法成為吸引消費者的條件，起不到任何的促銷作用，至多能保證消費者不會流失到競爭對手一方。只有條件比競爭對手更優越，甚至超乎人們想像，才能獲得良好的促銷效果。

3.做好促銷費用以及促銷成果的預算

在決定做出保證前，企業應評估產品的品質，可能產生的維修、更換成本，以及相應的銷售價值。只有在收益大於成本時，才有實行超級商品保證的必要性。

4.超乎尋常的商品保證可以作為新聞炒作的內容

如果企業真正具備超級的產品品質，那不妨將其與超級的產品保證相結合，作為一個賣點，通過大眾媒體向消費者大肆宣揚，這樣一方面宣揚了企業優越的產品品質，提高了產品的知名度，在廣大的消費者中建立了良好的企業形象，另一方面也吸引了大批的消費者，促進了產品的銷售，可謂一舉兩得。

促銷工具 　 對策

要想通過商品保證來促進銷售，商品保證的內容一定要出奇、超乎人們的想像，完完全全地解除消費者購物的後顧之憂，只有超乎尋常的商品保證才能起到促銷的作用。當然，超乎尋常的商品保證要建立在超乎尋常的產品品質保證之上，不可過分誇張以至失真。

促銷工具　案例

　　BBBK 是一家害蟲防治公司，它的收費金額是競爭者的五倍之多，這樣做憑藉的便是超乎常情的保證。當旅館、飯店或其他機關行號聘請它消滅害蟲困擾時，BBBK 提供下列的保證：

　　1. 假如 BBBK 無法消滅害蟲，那麼它會支付客戶另請其他廠商的費用。

　　2. 假如該市因害蟲原因堅持關閉該機關行號，它會支付所有的歇業成本。

　　3. 若顧客因這些害蟲而遭到某方面的傷害，它會支付必要的費用。

　　雖然聘請 BBBK 專業害蟲防治公司要花費較高的金額，但是遠比與蟲害所造成的損失要小。因此它們對 BBBK 的高價也就接受了。

51

E-mail 促銷法

全球電子郵件信箱數量急劇增加，平均每天發送郵件的數量也在與日俱增，由此可見，隨著網路的普及率迅猛發展，電子郵件已逐漸成為最受線民青睞的一種交流方式。目前，許多大公司已將其列為今後的頭號促銷策略，市場呈現出爆炸性增長態勢。

E-mail 促銷指的是企業通過 E-mail 向用戶或顧客發送郵件，以達到促銷商品和服務目的的一種促銷方式。具體地說，就是在電子郵件平臺上發佈電子信息，該平臺專門用於：

1.使用戶認識某一品牌；

2.使用戶形成對某一產品或服務的興趣或偏好；

3.使用戶能與廣告方取得聯繫，獲取信息或購買產品、服務；

4.管理客戶關係或實現其他相關的促銷目標。

在日常生活中，人們經常在自己的電子郵箱中發現一些令人較為心動的商品推介，那便是利用 E-mail 進行促銷的結果。利用 E-mail 有助於企業與客戶（或潛在客戶）進行方便的聯繫，增強與客戶之間的溝通，讓客戶更快更清楚地瞭解企業的產品和服務，可以節省大量人力、物力，提高工作效率。

E-mail 促銷與其他促銷工具相比，具有無可比擬的優勢：超低成本、突破時空的限制、操作靈活性較強、實效性強、有利於保護顧客和企業隱私、擴散性強。

促銷工具　　疑難雜症

一、E-mail 的促銷內容

根據國內外 E-mail 促銷的大量實踐，E-mail 促銷的實施主要由以下幾個方面組成：

1.確定促銷的目標

企業的促銷目標是樹立企業形象，是宣傳產品，還是宣傳售後服務，應十分明確。圍繞這些目標再來策劃投入內容的多少，包括文案的數量、圖形的多少、色彩的複雜程度；投放時間的長短、頻率和密度；廣告宣傳的位置、內容更換的時間間隔以及效果檢測的方法等。這些細節確定好了，對整體的投資數額就有了預算的依據，與信息服務商談判時也有了一定的把握。

2.確定促銷的目標對象

E-mail 促銷的對像是針對可能在網路虛擬市場上產生購買行為的消費者群體提出來的。隨著網路的迅速普及，這一群體也在不斷膨脹，主要包括三部分人員：產品的使用者、產品購買的決策者、產品購買的影響者。在許多情況下，產品的使用者和購買決策者是一致的，特別是在虛擬市場上更是如此。

確定目標顧客群，首先考慮是建立自己的郵件列表，還是利用第三方提供的郵件列表服務。由於利用第三方提供的郵件列表服務，費用較高，很難瞭解潛在客戶的資料，而用戶資料是企業重要的資產和資源，因而許多企業都希望擁有自己的用戶資料，將建立

自己的郵件列表作爲一項重要的網路促銷策略。

郵件促銷的目標對象越準確，效果越好。在開展郵件促銷之前，盡可能地縮小潛在客戶範圍，研究可能的潛在客戶，將其縮小成很可能、極可能的客戶，並瞭解他們的真正需求。

3.設計 E-mail 促銷內容

E-mail 促銷的最終目標是希望引起購買。這種最終目標是要通過設計具體的信息內容來實現的。電子郵件內容是增加 E-mail 促銷效果的利器。需要慎重把握以下這些環節：

(1)郵件內容

郵件的內容要有新意，不要過於普通，多採用一些溫馨的話語和快樂的方式。

(2)對象區分

郵件的內容也要區分對象，要根據顧客的個性化需求制定有效的促銷方式，如果不加研究、不加區別地發送電子郵件，其效果不會很好。

(3)個性化信息

真正的個性化電子郵件促銷不只是記住顧客的生日，而是基於對顧客目前的情況，推論什麼樣的購買信息是顧客所需要的。

(4)郵件長度

郵件的長度要根據客戶的種類和發信的次數決定，但應力求內容簡潔，用最簡單的內容表達出企業的潛在目的。

(5)宣傳重點

根據產品的生命週期來設計內容。處於不同週期的產品，其宣傳的重點也不一樣：

①產品上市階段：在這個階段，消費者對該種產品還非常生疏，促銷活動的內容應側重於宣傳產品的特點，引起消費者的注意。

②產品成長階段：此時，產品在市場上已有了一定的影響力，

促銷活動的內容則需要偏重於喚起消費者的購買慾望；同時，還需要創造品牌的知名度。

③產品成熟階段：當產品進入成熟階段後，市場競爭變得十分激烈，促銷活動的內容除了針對產品本身的宣傳外，還需要對企業形象做大量的宣傳工作，樹立消費者對企業產品的信心。

④衰退階段：在產品的衰退階段，促銷活動的重點在於密切與消費者之間的感情溝通，通過各種讓利促銷，延長產品的生命週期。

二、E-mail 的操作要點

只要運用得當，E-mail 促銷可發揮其應有的作用。重要的是運用者要把握好以下實施要點：

1.許可發送

E-mail 促銷的實質是許可促銷。未經許可的 E-mail 促銷，猶如街頭發放的小廣告，人們只會當廢紙扔進垃圾堆。很多公司以為只要電子郵件發得越多越好，認為總有回應的顧客。其實不然，未經許可的 E-mail 行銷，不僅浪費資源，而且使 E-mail 行銷的效果大打折扣，甚至使公司的 E-mail 促銷今後無法開展。所以，為了避免濫發郵件的消極後果，企業最好是發給那些事先已經許可的用戶。對於那些未經許可的用戶，有專家建議，有兩條恒定的規則：第一，不要發送；第二，如果你打算只做一次，請參閱第一條執行。

2.主題突出

E-mail 促銷的目的就是向別人推銷自己的產品，所以郵件應該有明確的主題。郵件的主題是收件人最早看到的信息，郵件內容是否能引人注意，主題起到相當重要的作用。郵件主題必須是圍繞產品這個主題而不能叉開別論，必須言簡意賅，避免郵件主題偏差或根本沒有主題。

3.注意細節

如能注意細節問題，在垃圾郵件滿天飛的網路時代，E-mail促銷同樣能夠發揮作用。需要注意的這些細節主要包括：

(1)郵件內容不宜採用附件的形式

由於每個人所用的作業系統、應用軟體以及應用的水準會有所不同，而且大多數人並不喜歡附件，所以附件內容未必會被收件人打開，最好採用純文本格式的文檔，把內容儘量安排在郵件的正文部分，除非插入圖片、聲音等資料，最好不要使用附件。

(2)注意格式使用

雖然說電子郵件沒有統一的格式，但它畢竟是封郵件，作為一封商業函件，應該參考普通商務信件的格式，包括對收件人的稱呼、郵件正文、發件人簽名等因素，方便目標顧客閱讀。

(3)廣告語法必須合理，文字要規範、專業

現在很多E-mail促銷廣告在這最基本的方面都做不到，如此簡單的事情都有了問題，顧客肯定不會放心企業的產品。

4.對用戶或顧客的郵件要做及時的答復

通過一封E-mail可以看出企業的服務和態度，及時回復發件人說不定會有進一步的收穫。否則，不僅有可能失去潛在的顧客，而且還給競爭對手乘虛而入的機會。

5.要有耐心

不要指望一封E-mail就能實現促銷，E-mail廣告的主要功能是給用戶提供一般的印象，讓他們慢慢地進一步接觸到企業的產品，所以必須要有耐心，過一段時間後，將同樣的內容、同樣的資料，再一次發送給同樣的人。當然你可以更換附言的內容或改變一下E-mail的背景色，第二次的回應率將提高3倍。

6.選擇比較容易的伺服器

選擇比較容易的伺服器，這樣可以使收件人通過直接點擊郵件

中的網址，就可以閱讀郵件內容，為用戶免去不必要的麻煩，也提高自己廣告的傳播率。

促銷工具 對策

作為網路促銷工具，電子郵件越來越受歡迎。從國外的情況看，企業對 E-mail 促銷越來越重視。雖然無法預測國內 E-mail 促銷市場究竟有多大，但可以預見，國內的 E-mail 促銷將具有廣闊的發展前景。

但是這種廣告形式的受眾範圍有限，首先不是所有的飆網者都擁有自己的電子信箱；其次許多人往往擁有多個電子信箱，有一些電子信箱他們從來都不打開，也從沒有通知過他們的親友。此外，E-mail 廣告還不曾克服其廣告受眾對於將商業信息以直接形式打進私人電子信箱的厭惡心理和排斥態度，很多人不願意流覽自己信箱中的廣告，並稱這樣的郵件為垃圾，更有一些線民在郵箱中進行了設置，禁止廣告郵件的進入，這樣就造成了這種廣告形式在傳播到達方面比較弱。

因此企業要仔細分析一下自己的目標客戶是否有使用電子信箱的習慣，以及他們對於 E-mail 促銷的接受度，並考慮是否採用E-mail 促銷方法。此外，企業還需要注意不能過於頻繁的發送給同一用戶。很多促銷人員認為，對用戶狂轟濫炸，會使用戶對該產品印象深一些，其實不然，那樣反而令他們對該企業反感不已。發送E-mail 聯繫的頻率應該與顧客的預期和需要相結合，這種頻率預期因時、因地、因產品而異。研究表明，同樣內容的郵件，每個月至多以發送 2～3 次為宜。

52

新產品發佈會

促銷工具 介紹

　　新產品發佈會可以算作新聞發佈會的一種形式,「新產品發佈會」的目標對象至少有三種:社會大眾消費者、經銷商和業務部。新產品發佈會的主要目的就是向社會和經銷商推薦和介紹新產品,突出產品的賣點以及可能為經銷商帶來的利益,促進消費者購買和經銷商積極進貨。

　　在新產品發佈會上,企業能對產品的產生背景、成份構成、技術含量等情況作詳細的介紹,突出產品的賣點,也能闡明經銷商銷售產品帶來的好處。這是一般的廣告所辦不到的,因此新產品發佈會所發揮的宣傳促銷作用非常重要。

促銷工具 疑難雜症

一、新產品發佈會的主要內容

1.新產品的市場背景介紹

有關新產品的策劃背景、市場競爭對手分析、市場趨勢等,在

305

發佈會現場均可加以介紹，令經銷商瞭解整體輪廓。

2.新產品特性與賣點的介紹

新產品的介紹要從一些基本的要素入手，如產品的構成、運作機理、使用方法等，但重要的是要與競爭對手的產品對比，突出、強調新產品與眾不同的特性和賣點，這才是消費者和經銷商所關心的。

3.產品市場前景分析

主要是針對經銷商的介紹，目的是促進經銷商進貨。因此爲經銷商詳盡地分析市場前景，闡明銷售產品會給經銷商帶來的利益，會對經銷商造成很大的吸引力和誘惑力。在進行市場分析時，要結合現有市場的狀況以及消費者的需求狀況來分析，並要更多的結合數據和模型來進行說明，這樣更直觀、更有信服力。

4.新產品的廣告宣傳

新產品的上市，要搭配「廣告宣傳」，因此爲了激發業務員工的信心，有必要當場放映新產品廣告影片，讓經銷商體會公司對新產品的形象塑造。如果能準備一小段有關介紹新產品廣告拍攝過程的有趣畫面、小故事，也會令人印象深刻，如廣告模特兒的現身說法，會令現場經銷商耳目一新。

廣告預算可以大致透露，以表示公司對推出此新產品上市的決心。譬如，公司計畫在 5 月投資 1000 萬元密集廣告、100 萬元的雜誌廣告、30 萬份的免費樣品等，表示對新產品強有力的支持，確保新產品在市場上受到消費者的喜愛，強化經銷商的銷售信心。

二、新產品發佈會的實施要點

1.精心佈置會場

新產品發佈會現場要精心佈置，例如在現場張貼海報，營造出新品上市的氣氛。

2.選擇對新產品瞭解的人作產品介紹

新產品的介紹人一定要對產品非常瞭解，最好是產品的研發專家或瞭解產品的企業高層，這樣才能把產品的所有屬性和特性都說明白、道清楚。同時，介紹人要積極地宣揚產品，現場聽取報告的經銷商，一直到現在才開始接觸新產品，對產品完全陌生，他們的熱情還不夠，在瞭解產品的優勢後才能樹立信心，因此要積極宣傳新產品。

3.多用圖表、數據

介紹產品或分析前景時，要多用圖表和數據，這樣更有說服力，而且這種方式也已為經銷商接受。同時，不要忘記與競爭對手的產品對比來凸現自己的優勢。

4.新產品的現場演示或示範不可少

只要條件允許，新產品最好能做現場演示或示範，耳聽為虛，眼見為實，這樣消費者會心服口服。例如，化妝品的新產品發佈則可請來化妝師和模特現場試妝，這樣既展現了產品的功效，又增添了活動的趣味性和觀賞性。

5.注意與經銷商的互動

儘管聽了詳細的介紹，經銷商肯定還有一些問題沒有明白或某些疑慮沒有消除，所以最好要留個時間讓經銷商提問。此外，在產品示範時，也可請經銷商上臺參與。

6.宣佈促銷政策

新產品上市一般都會配合促銷措施。在會上應說明銷售獎勵辦法，如經銷商們只承銷到某一數字，生產者就會給予某種獎勵，同時，對零售商亦舉行雙重酬獎。如每 3 個月舉行一次評選，銷售成績優異者可得到彩色電視機、電冰箱、洗衣機、電扇等獎品。

有媒體參加的面對廣大的社會觀眾的新產品發佈會可以請一些明星來助陣，當然要請符合目標消費者偏好的明星。

促銷工具　　對策

舉辦新產品發佈會，企業首先要明白針對的對像是誰，並根據產品發佈對象的不同，活動的設置和側重點應有所不同。例如針對經銷商的產品發佈會在強調商品功能時，更要強調商品是否有市場，能給經銷商帶來多少好處。而面對消費者的新產品發佈會應該將側重點放在產品的功能以及產品的價格上。

促銷工具　　案例

如新是一家美國化妝品和保養品公司。「如新 180°」產品是如新公司引入的產品，對抗皺有神奇功效，對肌膚也有多種功效。「如新 180°」產品在還沒有進入市場前就已備受矚目。為了讓大家更加清晰地瞭解「如新 180°」產品，市場部於 2004 年 10 月先後在某幾大城市舉辦「如新 180°」再生系列產品上市發佈會，使銷售人員得以與「如新 180°」靠得更近、看得更清。

這次發佈會由如新市場部的「掌門人」——市場及營運副總裁親自上臺介紹「如新 180°」再生系列產品。一上臺，Paul 並沒有急於開始他的演講，而是先將大家的注意力集中到了舞臺上的三個時

鐘上。只聽他用順暢的普通話向大家介紹道:「大家看,這個鐘是逆轉的,這正好表達了我們的產品也能讓時光歲月逆轉!」短短幾句話,博得了觀眾席一片掌聲,大家心領神會。Paul 的演講幽默且生動,他用深入淺出的語言向大家介紹了「如新180°」的產品技術特點。為了使大家更清晰地瞭解產品的優勢,Paul 特意穿上白色實驗服,為大家做起了產品比較實驗。Paul 一邊認真的做著演示,一邊為大家講解。在演示的過程中,產品的神奇功效也真實地展現在大家眼前,觀眾席上數次爆發出掌聲、讚歎聲,人們不得不對「如新180°」的神奇功效心悅誠服。

通過 Paul 的培訓演示,銷售人員深深體驗到這套「如新180°」產品不僅能同時解決多種肌膚問題,而且性質更是溫和,使用非常安全。原來對果酸產品還心存疑慮的人員,如今所有顧慮一掃而光,不禁發出了「驀然回首,那人卻在燈火闌珊處」的感慨。

培訓會在繼續,為了讓大家的腦袋也來體驗體驗「180°轉變」的樂趣,市場部精心安排了一套「是非對錯180°」的遊戲。被抽出的選手們摩拳擦掌,台下的觀眾也不甘落後,一起陪同選手們經歷了腦筋的 180°顛覆。在有趣的遊戲中,大家不知不覺地將「如新180°」產品的種種特性深深地刻在了腦海中。

緊接著,市場部以市場為著眼點,為大家剖析了「如新180°」再生系列所處的市場形勢與產品賣點,理性而實用的資訊使大家倍添了信心,在場人員個個躍躍欲試,巴不得馬上向廣大消費者推薦這麼好的產品。

「如新180°」再生系列自上市後,銷量一直節節攀升。

圖書出版目錄 www.bookstore99.com

郵局劃撥號碼：18410591　　　郵局劃撥戶名：憲業企管顧問公司

———— 經營顧問叢書 ————

4	目標管理實務	320 元	31	銷售通路管理實務	360 元
5	行銷診斷與改善	360 元	32	企業併購技巧	360 元
6	促銷高手	360 元	33	新產品上市行銷案例	360 元
7	行銷高手	360 元	37	如何解決銷售管道衝突	360 元
8	海爾的經營策略	320 元	46	營業部門管理手冊	360 元
9	行銷顧問師精華輯	360 元	47	營業部門推銷技巧	390 元
10	推銷技巧實務	360 元	49	細節才能決定成敗	360 元
11	企業收款高手	360 元	50	經銷商手冊	360 元
12	營業經理行動手冊	360 元	52	堅持一定成功	360 元
13	營業管理高手（上）	一套	55	開店創業手冊	360 元
14	營業管理高手（下）	500 元	56	對準目標	360 元
16	中國企業大勝敗	360 元	57	客戶管理實務	360 元
18	聯想電腦風雲錄	360 元	58	大客戶行銷戰略	360 元
19	中國企業大競爭	360 元	59	業務部門培訓遊戲	380 元
21	搶灘中國	360 元	60	寶潔品牌操作手冊	360 元
22	營業管理的疑難雜症	360 元	61	傳銷成功技巧	360 元
23	高績效主管行動手冊	360 元	62	如何快速建立傳銷團隊	360 元
25	王永慶的經營管理	360 元	63	如何開設網路商店	360 元
26	松下幸之助經營技巧	360 元	66	部門主管手冊	360 元
30	決戰終端促銷管理實務	360 元	67	傳銷分享會	360 元

68	部門主管培訓遊戲	360元	94	人事經理操作手冊	360元
69	如何提高主管執行力	360元	95	如何架設連鎖總部	360元
70	賣場管理	360元	96	商品如何鋪貨	360元
71	促銷管理（第四版）	360元	97	企業收款管理	360元
72	傳銷致富	360元	98	主管的會議管理手冊	360元
73	領導人才培訓遊戲	360元	100	幹部決定執行力	360元
75	團隊合作培訓遊戲	360元	104	如何成為專業培訓師	360元
76	如何打造企業贏利模式	360元	105	培訓經理操作手冊	360元
77	財務查帳技巧	360元	106	提升領導力培訓遊戲	360元
78	財務經理手冊	360元	107	業務員經營轄區市場	360元
79	財務診斷技巧	360元	109	傳銷培訓課程	360元
80	內部控制實務	360元	110	〈新版〉傳銷成功技巧	360元
81	行銷管理制度化	360元	111	快速建立傳銷團隊	360元
82	財務管理制度化	360元	112	員工招聘技巧	360元
83	人事管理制度化	360元	113	員工績效考核技巧	360元
84	總務管理制度化	360元	114	職位分析與工作設計	360元
85	生產管理制度化	360元	116	新產品開發與銷售	400元
86	企劃管理制度化	360元	117	如何成為傳銷領袖	360元
87	電話行銷倍增財富	360元	118	如何運作傳銷分享會	360元
88	電話推銷培訓教材	360元	122	熱愛工作	360元
90	授權技巧	360元	124	客戶無法拒絕的成交技巧	360元
91	汽車販賣技巧大公開	360元			
92	督促員工注重細節	360元	125	部門經營計畫工作	360元
93	企業培訓遊戲大全	360元	126	經銷商管理手冊	360元

127	如何建立企業識別系統	360元		149	展覽會行銷技巧	360元
128	企業如何辭退員工	360元		150	企業流程管理技巧	360元
129	邁克爾‧波特的戰略智慧	360元		151	客戶抱怨處理手冊	360元
				152	向西點軍校學管理	360元
130	如何制定企業經營戰略	360元		153	全面降低企業成本	360元
131	會員制行銷技巧	360元		154	領導你的成功團隊	360元
132	有效解決問題的溝通技巧	360元		155	頂尖傳銷術	360元
				156	傳銷話術的奧妙	360元
133	總務部門重點工作	360元		158	企業經營計畫	360元
134	企業薪酬管理設計			159	各部門年度計畫工作	360元
135	成敗關鍵的談判技巧	360元		160	各部門編制預算工作	360元
137	生產部門、行銷部門績效考核手冊	360元		161	不景氣時期，如何開發客戶	360元
138	管理部門績效考核手冊	360元		162	售後服務處理手冊	360元
139	行銷機能診斷	360元		163	只為成功找方法，不為失敗找藉口	360元
140	企業如何節流	360元				
141	責任	360元		166	網路商店創業手冊	360元
142	企業接棒人	360元		167	網路商店管理手冊	360元
143	總經理工作重點	360元		168	生氣不如爭氣	360元
144	企業的外包操作管理	360元		169	不景氣時期，如何鞏固老客戶	360元
145	主管的時間管理	360元				
146	主管階層績效考核手冊	360元		170	模仿就能成功	350元
147	六步打造績效考核體系	360元		171	行銷部流程規範化管理	360元
148	六步打造培訓體系	360元		172	生產部流程規範化管理	360元

37	採購管理實務（增訂二版）	380 元	16	腎臟病患者的治療與保健	360 元
38	目視管理操作技巧（增訂二版）	380 元	17	肝病患者的治療與保健	360 元
39	如何管理倉庫（增訂四版）	380 元	18	糖尿病患者的治療與保健	360 元

《醫學保健叢書》

1	9 週加強免疫能力	320 元	19	高血壓患者的治療與保健	360 元
2	維生素如何保護身體	320 元	21	拒絕三高	360 元
3	如何克服失眠	320 元	22	給老爸老媽的保健全書	360 元
4	美麗肌膚有妙方	320 元	23	如何降低高血壓	360 元
5	減肥瘦身一定成功	360 元	24	如何治療糖尿病	360 元
6	輕鬆懷孕手冊	360 元	25	如何降低膽固醇	360 元
7	育兒保健手冊	360 元	26	人體器官使用說明書	360 元
8	輕鬆坐月子	360 元	27	這樣喝水最健康	360 元
9	生男生女有技巧	360 元	28	輕鬆排毒方法	360 元
10	如何排除體內毒素	360 元	29	中醫養生手冊	360 元
11	排毒養生方法	360 元	30	孕婦手冊	360 元
12	淨化血液　強化血管	360 元	31	育兒手冊	360 元
13	排除體內毒素	360 元	32	幾千年的中醫養生方法	360 元
14	排除便秘困擾	360 元	33	免疫力提升全書	360 元
15	維生素保健全書	360 元	34	糖尿病治療全書	360 元
			35	活到 120 歲的飲食方法	360 元
			36	7 天克服便秘	360 元

《幼兒培育叢書》

1	如何培育傑出子女	360 元
2	培育財富子女	360 元
3	如何激發孩子的學習潛能	360 元
4	鼓勵孩子	360 元
5	別溺愛孩子	360 元
6	孩子考第一名	360 元
7	父母要如何與孩子溝通	360 元
8	父母要如何培養孩子的好習慣	360 元
9	父母要如何激發孩子學習潛能	360 元
10	如何讓孩子變得堅強自信	360 元

《成功叢書》

1	猶太富翁經商智慧	360 元
2	致富鑽石法則	360 元
3	發現財富密碼	360 元

《企業傳記叢書》

1	零售巨人沃爾瑪	360 元
2	大型企業失敗啟示錄	360 元
3	企業併購始祖洛克菲勒	360 元
4	透視戴爾經營技巧	360 元
5	亞馬遜網路書店傳奇	360 元
6	動物智慧的企業競爭啟示	320 元
7	CEO 拯救企業	360 元
8	世界首富　宜家王國	360 元
9	航空巨人波音傳奇	360 元
10	傳媒併購大亨	360 元

《智慧叢書》

1	禪的智慧	360 元
2	生活禪	360 元
3	易經的智慧	360 元
4	禪的管理大智慧	360 元
5	改變命運的人生智慧	360 元
6	如何吸取中庸智慧	360 元
7	如何吸取老子智慧	360 元
8	如何吸取易經智慧	360 元

《DIY 叢書》

1	居家節約竅門 DIY	360 元
2	愛護汽車 DIY	360 元
3	現代居家風水 DIY	360 元
4	居家收納整理 DIY	360 元
5	廚房竅門 DIY	360 元
6	家庭裝修 DIY	360 元
7	省油大作戰	360 元

為方便讀者選購，本公司將一部分上述圖書又加以專門分類如下：

《傳銷叢書》

4	傳銷致富	360 元
5	傳銷培訓課程	360 元
6	〈新版〉傳銷成功技巧	360 元
7	快速建立傳銷團隊	360 元
8	如何成爲傳銷領袖	360 元
9	如何運作傳銷分享會	360 元
10	頂尖傳銷術	360 元
11	傳銷話術的奧妙	360 元
12	現在輪到你成功	350 元
13	鑽石傳銷商培訓手冊	350 元
14	傳銷皇帝的激勵技巧	360 元
15	傳銷皇帝的溝通技巧	360 元

《財務管理叢書》

1	如何編制部門年度預算	360 元
2	財務查帳技巧	360 元
3	財務經理手冊	360 元
4	財務診斷技巧	360 元
5	內部控制實務	360 元
6	財務管理制度化	360 元

《培訓叢書》

1	業務部門培訓遊戲	380 元
2	部門主管培訓遊戲	360 元
3	團隊合作培訓遊戲	360 元
4	領導人才培訓遊戲	360 元
5	企業培訓遊戲大全	360 元
8	提升領導力培訓遊戲	360 元
9	培訓部門經理操作手冊	360 元
10	專業培訓師操作手冊	360 元
11	培訓師的現場培訓技巧	360 元
12	培訓師的演講技巧	360 元

《企業制度叢書》

1	行銷管理制度化	360 元
2	財務管理制度化	360 元
3	人事管理制度化	360 元
4	總務管理制度化	360 元
5	生產管理制度化	360 元
6	企劃管理制度化	360 元

《主管叢書》

1	部門主管手冊	360 元
2	總經理行動手冊	360 元
3	營業經理行動手冊	360 元
4	生產主管操作手冊	380 元
5	店長操作手冊(增訂版)	360 元
6	財務經理手冊	360 元
7	人事經理操作手冊	360 元

《人事管理叢書》

1	人事管理制度化	360 元
2	人事經理操作手冊	360 元
3	員工招聘技巧	360 元
4	員工績效考核技巧	360 元
5	職位分析與工作設計	360 元
6	企業如何辭退員工	360 元

《理財叢書》

1	巴菲特股票投資忠告	360 元
2	受益一生的投資理財	360 元
3	終身理財計畫	360 元
4	如何投資黃金	360 元
5	巴菲特投資必贏技巧	360 元
6	投資基金賺錢方法	360 元
7	索羅斯的基金投資必贏忠告	360 元

回饋讀者，免費贈送《環球企業內幕報導》電子報，請將你的 e-mail、姓名，告訴我們 huang2838@yahoo.com.tw 即可。

經營顧問叢書 ⑲⑨　　售價：360 元

促銷工具疑難雜症與對策

西元二〇〇八年十月　　　初版一刷

編著：劉振隆（上海）　任賢旺（臺北）

策劃：麥可國際出版有限公司（新加坡）

校對：洪飛娟

打字：張美嫻

編輯：劉卿珠

發行人：黃憲仁

發行所：憲業企管顧問有限公司

電話：(02) 2762-2241　0930872873

臺北聯絡處：臺北郵政信箱第 36 之 1100 號

郵政劃撥：18410591 憲業企管顧問有限公司

常年法律顧問：江祖平律師（代理版權維護工作）

大陸地區訂書，請撥打大陸手機：13243710873

本公司徵求海外銷售代理商（0930872873）

出版社登記：局版台業字第 6380 號

ISBN：978-986-6704-81-9

擴大編制，誠徵新加坡、臺北編輯人員，請來函接洽。